高等学校计算机基础教育系列教材

大学计算机基础（第3版）
上机实验指导

祝群喜　主编

王岩　朱世敏　张重阳　张斌　编著

清华大学出版社
北京

内 容 简 介

本书是《大学计算机基础》(第3版)(祝群喜主编,ISBN:978-7-302-61180-6)一书的配套上机实验教材,内容全面、通俗易懂、实用性强。本书精选了各种类型的实验习题,涵盖了教学大纲中的各个知识点,具有一定的深度和广度。本书分两大部分,第1部分为实验部分,包括9个实验,其中前8个实验为基础实验,第9个实验为综合设计性实验,每个实验包括实验目的、相关知识、实验内容、实验习题和实验报告与要求5方面;第2部分为附录,包括选择题与填空题,以章节内容来分类,并给出了参考答案。

本书适合作为高等学校计算机基础相关课程的实验教材,也可作为计算机基础、办公软件学习者的上机实验参考书。

图书在版编目(CIP)数据

大学计算机基础(第3版)上机实验指导/祝群喜主编;王岩等编著.—北京:清华大学出版社,2023.3(2024.11重印)

高等学校计算机基础教育系列教材

ISBN 978-7-302-62797-5

Ⅰ.①大… Ⅱ.①祝… ②王… Ⅲ.①电子计算机-高等学校-教学参考资料 Ⅳ.①TP3

中国国家版本馆 CIP 数据核字(2023)第 032135 号

责任编辑:龙启铭
封面设计:傅瑞学
责任校对:申晓焕
责任印制:宋 林

出版发行:清华大学出版社
　　　　　网　　　址:https://www.tup.com.cn,https://www.wqxuetang.com
　　　　　地　　　址:北京清华大学学研大厦 A 座　　　　　邮　　编:100084
　　　　　社 总 机:010-83470000　　　　　　　　　　　　邮　　购:010-62786544
　　　　　投稿与读者服务:010-62776969,c-service@tup.tsinghua.edu.cn
　　　　　质量反馈:010-62772015,zhiliang@tup.tsinghua.edu.cn
　　　　　课件下载:https://www.tup.com.cn,010-83470236
印 装 者:三河市天利华印刷装订有限公司
经　　销:全国新华书店
开　　本:185mm×260mm　　　印　　张:9.25　　　字　　数:217千字
版　　次:2023年5月第1版　　　　　　　　　　　印　　次:2024年11月第2次印刷
定　　价:29.00元

产品编号:092259-01

前言

　　计算机科学是信息科学的一个重要组成部分。计算机基础知识已成为人们知识结构中不可缺少的重要组成部分。高等学校"计算机基础"课程，为未来从事多种专业的学生提供了计算机的基础教育。知识的学习在于应用，对计算机实验课尤为重要。为了培养创新型、应用型人才，为满足高校学生以及计算机爱好者在"计算机基础"教学、上机实验方面的要求，我们编写了本书。本书精选了各种类型的实验习题，涵盖了教学大纲中的各个知识点，具有一定的深度和广度，使读者通过上机练习，能有效地掌握课本知识，在实践中得到巩固和提高。

　　本书作为《大学计算机基础》（第3版）（祝群喜主编，ISBN：978-7-302-61180-6）一书的配套上机实验教材，分为两大部分。第1部分为基础实验部分，共包括9个实验，每个实验包括实验目的、相关知识、实验内容、实验习题和实验报告与要求5方面。在实验题目的设计上，以任务驱动教学法为指导，使读者通过完成实验题目，进一步掌握基本知识，提高实际动手能力。本书每个实验要求用4个学时完成（课堂实验2学时，课下实验2学时）。第2部分为习题及参考答案，该部分试题主要包括计算机基础知识、计算机硬件知识、计算机软件知识、Windows知识及网络基本知识的理论知识，并给出了参考答案。

　　本书作者开发了针对本书的"实验作业自动批改与管理系统"和"计算机基础无纸化考试系统"的单机版与网络版，本书中的部分实验习题及附录中的习题是该系统题库中的一部分，需要本系统的读者或教学单位可与作者或出版社联系。

　　本书由祝群喜主编。参与本书编写工作的有王岩、朱世敏、张重阳、张斌。

　　由于本书编写时间紧迫，书中难免有不妥之处，敬请读者和专家提出宝贵意见。

编　者

2023年1月

目录

计算机结构和操作指法

1.1 实 验 目 的

- 结合软件理论学习和硬件观察,了解计算机的工作原理及内部结构。
- 通过指法练习掌握正确的键盘输入方法,提高录入速度。
- 掌握文本编辑的基本使用方法。

1.2 相 关 知 识

1. 冯·诺依曼计算机模型

(1) 采用二进制表示数据和指令。

(2) 采用"存储程序"工作方式。

(3) 计算机硬件部分由五大部分组成,即运算器、控制器、存储器、输入设备及输出设备。

2. 计算机硬件系统的组成

我们通常所说的计算机,实际上是指一个计算机系统。一个计算机系统应该由硬件和软件两大部分组成。硬件是软件工作的基础,但硬件本身只能提供一台裸机,必须配置相应的软件才能应用于各个领域。计算机的硬件系统主要由运算器、存储器、控制器、输入和输出设备五部分组成,如图 1.1 所示。

(1) CPU(Central Processing Unit,中央处理器)。

CPU,计算机系统的核心,包括运算器和控制器两个部件。

① 运算器,是直接执行各种操作的装置。它在控制器的控制下完成各种算术运算(加、减、乘、除)、逻辑运算(逻辑与、或、非等),以及其他操作(取数、存数、移位等)。它由两部分组成,即算术逻辑运算单元和寄存器组。

② 控制器,是控制计算机各个部件协调一致、有条不紊地工作的电子装置,是计算机硬件系统的指挥中心。

(2) 存储器。

可分为内存(主存)和外存(也称辅存)两大类。

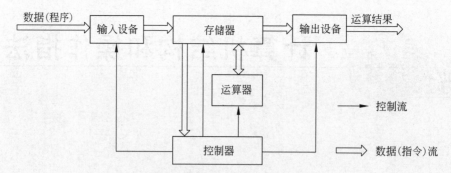

图 1.1　计算机的硬件系统组成

① 内存储器,包括寄存器、高速缓冲存储器(Cache)和主存储器。

② 外存储器,又称辅助存储器(辅存),是指除计算机内存及缓存(CPU 缓存、硬盘缓存等)以外的储存器,此类存储器一般断电后仍然能保存数据。常见的外存储器有硬盘、软盘、光盘、U 盘等。

- 硬盘。硬盘是计算机主要的存储媒介之一,传统硬盘由一个或者多个铝制或者玻璃制的碟片组成。碟片外覆盖有铁磁性材料。硬盘有固态硬盘(SSD,新式硬盘)、机械硬盘(HDD,传统硬盘)、混合硬盘(HHD,一种基于传统机械硬盘衍生出来的新硬盘)。

- 光盘。用于计算机系统的光盘主要有三类:只读性光盘、一次写入性光盘与可擦性光盘。只读性光盘(CD−ROM)只能读出信息而不能写入信息。

- U 盘。外存储器的一种,是一种超轻、超薄、超小、兼容标准 USB 接口、即插即用的存储器,容量一般为 8GB、16GB、32GB、64GB、128GB 等。

(3) 输入输出设备。

也称为外部设备或外围设备(简称外设),是人与计算机之间进行信息交流的主要设备。

① 输入设备。其功能是把计算机程序和数据输入到计算机。常见的输入设备有键盘、鼠标、摄像头、扫描仪、光笔、手写输入板、游戏杆、语音输入装置等。

- 键盘。键盘由一组按阵列方式装配在一起的按键开关组成,每按一下键就相当于接通了相应的开关电路,把该键的代码通过接口电路送入计算机。目前,微型计算机配置的标准键盘共有 104 个键,分为 4 个区。

- 鼠标。鼠标因其形状像一只拖着尾巴的老鼠而得名。鼠标可以方便、准确地移动光标进行定位,是一般窗口软件和绘图软件的首选输入设备。鼠标器的基本操作有三种,即移动、按击和拖曳。

② 输出设备。其功能是把计算机的数据信息传送到外部媒介,并转化成某种为人们所需要的表示形式。常见的输出设备有显示器、打印机、绘图仪、影像输出系统、语音输出系统、磁记录设备等。

- 显示器。显示器又称监视器(Monitor),它是计算机系统中最基本的输出设备,也是计算机系统不可缺少的部分。显示器还必须配置显示卡,用于控制显示屏幕上

　大学计算机基础(第 3 版)上机实验指导

字符与图形的输出。显示卡的主要指标有显示卡类型、分辨率、显示方式、颜色数等。

- 打印机。打印机也是计算机系统中最常用的输出设备。与显示器相比,打印机便于将计算机输出的内容留下书面记录,以便保存。目前常用的打印机有点阵打印机、喷墨打印机与激光打印机。

（4）总线。

计算机中的五大组成部件通过总线连接而构成一个完整的硬件系统。总线是计算机各部件之间进行信息传送的一组公共通道。总线包括数据总线（Data Bus,DB）、控制总线（Control Bus,CB）和地址总线（Address Bus,AB）。

①数据总线。与计算机字长有关,通常是 16 位、32 位和 64 位,是数据在 CPU 与存储器及 CPU 与 I/O 设备之间并行传送的线路,这种传送是双向的,故数据总线是双向总线。

②地址总线。用来传送地址,根据地址即可访问主存单元或某个外设接口中的寄存器。对存储器而言,若地址总线为 16 根,则主存容量最多可为 $2^{16}=64\mathrm{KB}$;如果地址总线为 20 根,则主存容量最多可为 $2^{20}=1\mathrm{MB}$。对外设而言,外设接口只用地址总线的低八位,故可寻找 256 个外设接口,如图 1.2 所示。

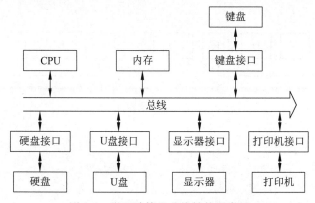

图 1.2 微型计算机总线结构示意图

3. 键盘的结构与操作

（1）键盘的结构。

键盘由一组按阵列方式装配在一起的按键开关组成。目前,微型计算机配置的标准键盘共有 104 个键,分为 4 个区域,如图 1.3 所示。

① 基本键区。基本键区是键盘的主要使用区,它的键位排列与标准英文打字机的键位排列是相同的。该键区包括了所有的数字键、英文字母键、常用运算符以及标点符号等键,除此之外,还有几个特殊的控制键。

② 小键盘区。小键盘区又称数字键区。这个区中的多数键具有双重功能:一是代表数字,二是代表某种编辑功能。它为专门进行数字录入的用户提供了很大的方便。

③ 功能键区。这个区中有 12 个功能键 F1～F12,每个功能键的功能由软件系统

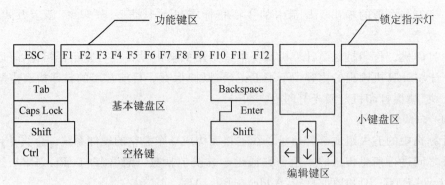

图 1.3　键盘结构示意图

定义。

④ 编辑键区。这个区中的所有键主要用于编辑修改。

(2) 键盘的操作。

① 基准键。基准键共 8 个,左 4 键为 A 键、S 键、D 键和 F 键,右 4 键为 J 键、K 键、L 键和";"键,如图 1.4 所示。操作时,左手小指放在 A 键上,无名指放在 S 键上,中指放在 D 键上,食指放在 F 键上;右手小指放在";"键上,无名指放在 L 键上,中指放在 K 键上,食指放在 J 键上。

图 1.4　基准键位

② 键盘指法分工,如图 1.5 所示。

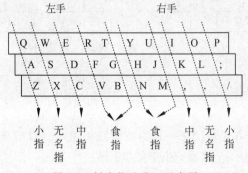

图 1.5　键盘指法分工示意图

③ 操作要领。手腕平直,手臂保持静止,身体不要依靠或趴在工作台和键盘上;手指要稍微弯曲,指尖后的第一关节应近乎垂直地放在基准键位上;输入时,手指抬起且只有要击键的手指才可伸出敲键,击键完毕应立即恢复至原位。切忌用手指去摸索着击键,也不可敲完后仍停留在那个字键上。

　大学计算机基础(第 3 版)上机实验指导

空格键通常是使用左右手大拇指轮流垂直向下敲击,每敲完一次立即抬起。

需要换行时,用右手小指击一次 Enter 键,击毕,应立即回复到基准键位。

输入大写字母用一小指按下 Shift 键且不松手,用另一手的手指按下该字母键;有时也可按下 Caps Lock 键,使后面输入的字母全部为大写字母,再按一次此键,即恢复为小写字母输入方式。

练习打字是一个艰苦的过程,要循序渐进,不能急于求成。要严格按照指法的要领去练习,使手指逐渐灵活。随着练习的不断深入,手指的敏感程度和击键速度会不断提高。同时应该在保证正确的前提下提高速度,切忌盲目追求速度。

1.3 实 验 内 容

1. 认识计算机

观察你所用的计算机是否配备了键盘、鼠标、显示器,注意它们的外观。观察你所用的计算机是否配备了光驱、耳机、音箱或打印机等,并思考它们属于何种设备。观察计算机的主机结构(可以观察实物,也可以通过软件学习)。

① 打开主机机箱(由实验老师提前将主机箱打开)。

② 观察计算机的"灵魂"——CPU。在主板上,会看到一个上面有散热片及风扇的小方块,卸掉风扇及散热片后看看上面是否有 CPU 的标识。

③ 观察内部存储器。内存是插在主板上的,内存的容量由主板上内存条的个数和每个内存条的容量决定,其内存储器的容量可按下式计算:

内存条 1 的个数×内存条 1 的容量＋内存条 2 的个数×内存条 2 的容量＋…＋内存条 n 的个数×内存条 n 的容量

④ 观察电源。电源在机箱内为一方状的盒子,可看到电源与箱内很多部件均有连接,电源有正负极之分,在颜色上有差异,一般情况下,红为正,蓝为负,因此在与其他部件连接时要甚为注意,避免由于正负极接错烧毁机箱内的部件或电源本身。在观察电源时重点要看电源为机箱中的哪些部件供电。

⑤ 观察硬盘驱动器。硬盘驱动器是信息存储的重要空间,它的容量的大小决定计算机的"吞吐量",它的内部是由若干个盘片组成的,虽然看不到其内部结构,但是可以通过观察标签来确定型号、容量、厂家等信息。

⑥ 观察 CMOS 电池。无论看到的 CMOS 电池的形状是什么样的,只要知道它是为 BIOS 供电的即可。它的一个比较好用的功能就是,当 BIOS 中设置的密码不幸被忘记而不能进入计算机时,可以通过给 CMOS 放电来解决这一问题。

⑦ 观察数据线。计算机中的信息都是用数据线来传递的,数据线要比电源线的连接容易一些,因为数据线当中是没有大的电流,不会烧坏部件,因此可以放心插接。

⑧ 观察鼠标、键盘及打印机的接口。其中,打印机一般使用的是并行接口或 USB 接口。

2. 指法练习

① 熟悉键盘。

② 运用文本编辑软件进行录入练习。

1.4　实　验　习　题

（1）依照实验内容，对计算机内部结构进行观察。

（2）进行基本键位的练习。

（3）用打字练习软件进行键盘及指法练习。

1.5　实验报告与要求

（1）写出你所用计算机的 CPU 型号。

（2）写出你所用计算机的内存容量。

（3）写出你所用计算机的硬盘容量。

（4）写出计算机常见的输入设备、输出设备的名称。

（5）写出你所用计算机的硬盘有几个分区及各分区的名称。

（6）写出硬盘逻辑分区的意义。

（7）分别写出 Insert、Delete、Home、End、Page Up 和 Page Down 键的功能。

（8）分别写出 Backspace、Print Screen、NumLock 键的功能。

（9）键盘上为什么要设置两个 Shift 键？它们的功能有区别吗？

（10）在"记事本"中录入下面的英文文章及特殊字符串，并以 AOL.txt 为文件名进行保存。

AOL

Less than two years ago，American Online Inc. was so notorious for unreliable service that critics said that the company's initials stand for "always off-line" and attorneys general from many states threatened to sue the firm for fraud. But in the cyber world，infamy is fleeting. In the wake of Tuesday's two-part blockbuster deal involving the ＄4.2 billion acquisition of Internet pioneer Netscape Communications Corp and an alliance with Sun Microsystems，AOL finds itself portrayed as a challenger to Microsoft Corp as the world's preeminent high technology superpower.

Already the world's largest online service with 14 million users，AOL picks up millions of users of net center web site，creating by far largest audience on the Internet. Those kinds of numbers are likely to accelerate the Internet's growth from an important auxiliary communications channel into a full-blown mainstream mass medium.

12＆3^38＃＄～"';;；％＊()-

# Windows 操作

实验 一

2.1　实　验　目　的

- 掌握 Windows 的启动、退出和帮助的使用方法。
- 了解 Windows 的桌面、界面风格和操作风格。
- 熟练掌握 Windows 的基本操作。
- 熟悉窗口、菜单和对话框等图形界面对象的组成和基本操作。
- 掌握在 Windows 界面下运行应用程序的方法。

2.2　相　关　知　识

1. Windows 的启动与退出

在计算机上安装好 Windows 后,只要打开计算机电源,系统就会自动启动,这种启动方式称为加电启动。另外,如果在使用某些软件遇到死机的情况,可以通过按机箱上的 Reset 键使 Windows 重新启动。绝大多数品牌机与笔记本电脑无 Reset 键可长按电源开关键关闭计算机。计算机在启动过程中会用对话框的形式提示用户输入用户名和密码,当用户输入正确的用户名和密码后即可进入 Windows。如果 Windows 启动不正常,可以在 Windows 启动欢迎画面出现之前按 F8 键进入 Windows 启动菜单,选择安全模式,或其他启动模式进入 Windows。

在使用完计算机后要退出 Windows,不可以简单地拔掉计算机电源,这样会使当前正在运行的文件损坏或丢失。一般关闭 Windows 的方法有以下几种。

(1) 用鼠标单击桌面左下角"开始"按钮,在弹出的"开始"菜单中单击"关机"按钮。

(2) 按 Alt+F4 快捷键。

(3) 按 Ctrl+Alt+Del 组合键,然后单击右下角"关机"按钮。

2. 关机、注销、重新启动与休眠、待机、睡眠

(1) 关机。

系统首先会关闭所有运行中的程序,系统后台服务关闭,系统向主板和电源发出特殊信号,让电源切断对所有设备的供电,计算机彻底关闭。下次开机重新开启计算机,操作

系统会重新读取系统文件。

（2）注销。

注销是指向系统发出清除现在登录的用户的请求,清除后即可使用其他账户来登录原来的系统。注销不可以替代重新启动,只可以清空当前用户的缓存空间和注册表信息。注销适用于需要用另一个账户来登录计算机的情况,此时不需要重启操作系统。注销比较适合多用户系统,可以很方便地在多用户之间来回切换。

需要注意的是:很多操作,需要重启计算机才会生效,有时候使用注销是无效的(一定要重启、关闭计算机才会有效)。

（3）重新启动。

重新启动是重新打开计算机,然后重新装载操作系统。重新启动相当于先关闭计算机,然后再打开计算机两步操作的组合。

当更新系统补丁、更新驱动程序之后,都需要重启生效加以确认,部分应用安装完成后也会要求重启操作计算机。

（4）休眠。

休眠是将当前操作系统正在运行的程序保存在硬盘中,然后断电。

当计算机进入休眠状态时,计算机会把当前内存中的数据全部备份到硬盘中,然后关闭电源,此时计算机不需要供电。

下次开机时,写入硬盘的内存数据将会自动加载到内存中继续执行,让计算机恢复到休眠前的状态。这种模式下,因为不需要供电,因此不怕休眠后发生供电异常,但是计算机从休眠状态恢复到正常状态的速度比开机与重新启动快,比从待机中恢复慢,其具体时间取决于内存大小和硬盘速度。

（5）待机。

在待机模式下,整个计算机除了内存,其他设备的供电都将中断。此时内存靠着电力维持着其中的数据,整个系统处于低耗能状态。

在这种模式下开机能很快恢复到之前状态,一般情况下只需要几秒钟。但是,我们知道内存有一个特点就是易失性,一旦断电,内存中的数据就会全部清空。因此一旦发生供电异常,下次开机时内存中数据就会全部丢失。

（6）睡眠。

这种模式结合了待机和休眠的优点。系统进入睡眠状态后,系统会将内存中的数据全部备份到硬盘上(类似休眠)。

然后关闭除了内存外所有设备的供电,让内存中的数据依然维持着(类似待机)。这样,开机时既可以很快恢复到计算机之前的状态,也不怕因供电异常,而导致数据丢失。

实际上,因为尚未断电,所以动一下键盘、鼠标就很能唤醒系统,比较适用于下载大型文件,随时可以使用计算机的状态。

休眠和睡眠的区别就是硬盘指示灯尚未关闭,睡眠可以随时唤醒系统(而休眠不能唤醒系统)。

3. 在 Windows 下寻求帮助的方法

（1）单击"开始"菜单→"帮助"。

（2）按 F1 键。

Windows 的帮助窗口类似一个浏览器窗口，如图 2.1 所示。

图 2.1　Windows 帮助窗口

4. 鼠标的使用方法

在 Windows 中鼠标的使用方法主要有单击、双击、拖曳、移动、右击等操作。

（1）单击。按一下鼠标左键，一般用来选中对象。

（2）双击。连续按鼠标左键两下，一般用来执行应用程序。

（3）拖曳。按住鼠标左键不放手，并且移动鼠标。一般用来移动或复制对象。

（4）移动。移动鼠标的位置，不按任何键。一般用以使鼠标指针对准对象。

（5）右击。单击鼠标右键一次，一般用来调出快捷菜单。

5. 键盘的使用方法

在 Windows 中有几个特殊键用来控制计算机，它们是 Alt、Ctrl 和 Tab 等键。

（1）Alt 键用于激活菜单，或与其他键组合实现一些特殊的功能。

（2）Ctrl 键与其他键组合可以实现一些特殊的功能。

（3）Tab 键可以改变输入焦点。

6. 运行程序的方法

（1）通过菜单运行应用程序项。

（2）通过图标(快捷方式)运行应用程序。

（3）直接运行应用程序对应的可执行文件。

7. 创建快捷方式的方法

快捷方式是程序对象的指针,它是与程序文档或文件夹相连接的小型文件,当用鼠标双击快捷方式时,相当于双击快捷方式所指向的对象。创建快捷方式的方法其实很简单。对于应用程序的快捷方式,只需选中该对象,右击选择创建快捷方式菜单即可在当前位置创建一个快捷方式,然后把此快捷方式拖曳到需要的位置上即可。

8. 汉字录入方法

目前的编码按编码规则区分,一般可分为流水码、音码、形码和音形码或形音码等几大类型。

各种汉字输入系统也称汉字平台,常见的有以下几种汉字键盘输入方法。

(1) 区位码汉字输入法。

(2) 拼音输入法。

(3) 五笔字型汉字输入法。

2.3 实 验 内 容

1. 认识 Windows 桌面的各个对象元素

(1) 启动 Windows。

(2) 观察 Windows 中桌面元素。

(3) 根据用户设置不同,Windows 桌面元素可能不同。

2. 窗口基本操作

Windows 窗口如图 2.2 所示,用户可以通过鼠标选择窗口上的各种命令,也可以通过键盘使用快捷键来操作。基本的操作包括打开、缩放、移动等。

(1) 切换窗口。

① 当窗口处于最小化状态时,用户在任务栏上选择所要操作窗口的按钮,然后单击即可完成切换。当窗口处于非最小化状态时,可以在所选窗口的任意位置单击,当标题栏的颜色变深时,表明完成对窗口的切换。

② 用 Alt+Tab 组合键完成窗口切换。

③ 用 Alt+Esc 组合键完成窗口切换。

(2) 窗口的排列。

当用户同时打开了多个窗口时,用户可以对这些窗口进行排列。Windows 为用户提供了三种排列的方案可供选择。在任务栏上的非按钮区右击,弹出一个快捷菜单,如图 2.3 所示,可以选择窗口的排列方式有层叠窗口、堆叠显示窗口和并排显示窗口。

当选择了某项排列方式后,在任务栏快捷菜单中会出现相应的撤销该选项的命令,例如,用户执行了"层叠窗口"命令后,任务栏的快捷菜单会增加一项"撤销层叠所有窗口"命令,当用户执行此命令后,窗口恢复原状。

后退和前进按钮　工具栏　地址栏　库窗格　文件列表　　　列标题　　　　　　搜索框

图 2.2　Windows 窗口

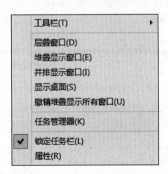

图 2.3　任务栏快捷菜单

3. 菜单操作

Windows 中经常使用的有下拉菜单、控制菜单、快捷菜单、级联菜单等 4 种。

（1）下拉菜单。

用户在打开应用程序窗口后,用鼠标单击下拉菜单栏中选项可以打开下拉菜单,也可以通过按 Alt+菜单项后面的字母来打开下拉菜单。

（2）控制菜单。

用户用鼠标单击窗口左上角的控制菜单栏可以打开控制菜单,也可以按键盘的 Alt+Space 键打开控制菜单。

（3）快捷菜单。

用户在选定某个对象后,单击鼠标右键可打开快捷菜单。

（4）级联菜单。

在打开其他菜单后，用鼠标指针放在有向右箭头的选项上系统会打开级联菜单，或用键盘中的 ↑、↓、←、→ 这 4 个箭头键把焦点移到有向右箭头的选项上再按"→"键也可打开。

4. 创建快捷方式

快捷方式是指向对象的路径，它是与程序、文档或文件夹相链接的小型文件，当用鼠标双击快捷方式图标时，相当于双击了快捷方式所指向的对象（程序、文档、文件夹等）并执行之。正由于快捷方式是指向对象的指针，而不是对象本身，这就意味着创建或删除快捷方式，并不影响相应对象。在桌面上创建主要应用程序的快捷方式，可方便用户运行应用程序。创建快捷方式主要有以下两种方式。

①用右键拖动对象（如文件或文件夹等），在弹出的快捷菜单中选择"在当前位置创建菜单"。

②右击要创建快捷方式对象的图标，在弹出的快捷菜单中选择"创建快捷方式"选项。

5. 对话框操作

Windows 中对话框如图 2.4 所示，通过对话框可以对对象的属性进行设置，对话框一般包含标题栏、文本框、列表框、命令按钮等对象。

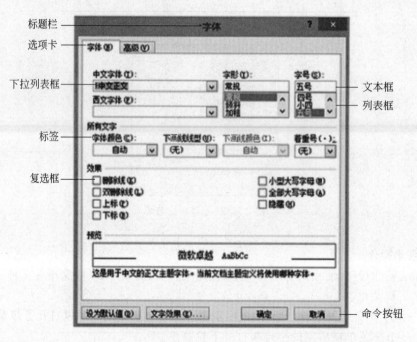

图 2.4　对话框

【例 2.1】　查看计算机的基本信息与更改计算机名。

（1）右击桌面"此电脑"图标，在弹出的快捷菜单中单击"属性"命令。

（2）在打开的如图 2.5 所示的"系统"窗口中可以查看计算机的基本信息。

图 2.5　Windows 的"系统"窗口

（3）在如图 2.5 所示的"系统"窗口中单击"高级系统设置"按钮，打开"系统属性"对话框，选择"计算机名"选项卡，可以查看与设置计算机名，如图 2.6 所示。

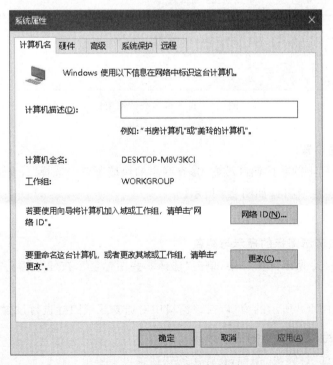

图 2.6　"系统属性"对话框

6. 设置屏幕分辨率

设置分辨率即设置显示卡的分辨率,分辨率越高,项目越清楚,同时屏幕上的项目越小,因此屏幕可以容纳越多的项目。分辨率越低,在屏幕上显示的项目越少,但尺寸越大。设置分辨率必须考虑当前显示器所支持的分辨率。

(1) 在桌面上右击,在弹出的快捷菜单中选择"显示设置"选项。

(2) 在打开的如图 2.7 所示的"显示分辨率"窗口中更改显示分辨率设置。

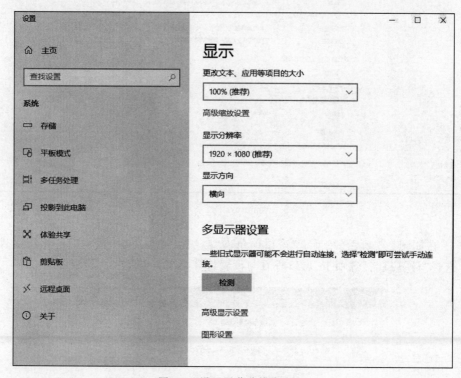

图 2.7　设置屏幕分辨率窗口

7. 任务栏的设置

(1) 在任务栏上的非按钮区域右击,在弹出的快捷菜单中选择"任务栏设置"命令,打开"设置"→"任务栏"窗口,如图 2.8 所示。

(2) 设置任务栏的相关属性。

8. 设置通知区域图标的显示与隐藏

(1) 在如图 2.8 所示的窗口中,单击"选择哪些图标显示在任务栏上"或"打开或关闭系统图标"链接。

(2) 弹出如图 2.9 所示的窗口,在该窗口中对通知区域图标进行设置。

9. 查看与设置本地磁盘的逻辑分区

(1) 右击桌面"计算机"图标,在弹出的快捷菜单中单击"管理"命令。

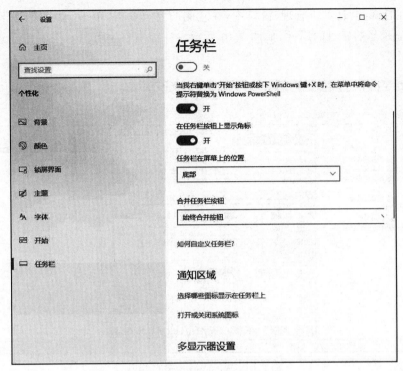

图 2.8 "设置"→"任务栏"窗口

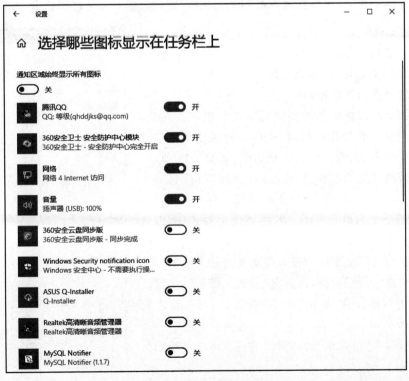

图 2.9 通知区域图标窗口

（2）在打开的"计算机管理"窗口中，在左侧的列表框中，单击"磁盘管理"命令，在右侧窗口中显示当前磁盘的属性，如图 2.10 所示。在该窗口中可以对逻辑磁盘进行删除、创建等操作。

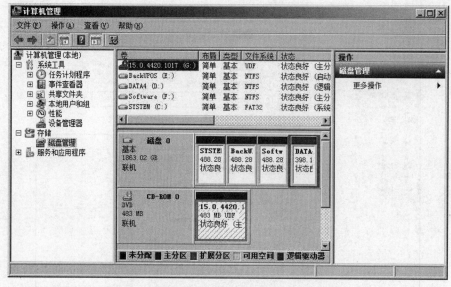

图 2.10　Windows 中磁盘管理

（3）在本例中，有一个物理磁盘和一个光驱，物理磁盘有 4 个逻辑磁盘。

10. 格式化磁盘

（1）若要格式化的磁盘是 U 盘，应先插入 U 盘；若要格式化的磁盘是硬盘，可直接执行第（2）步。

（2）打开资源管理器窗口。

（3）在导航窗格中选择要进行格式化操作的磁盘，右击要进行格式化操作的磁盘，在打开的快捷菜单中选择"格式化"命令，打开"格式化"对话框，如图 2.11 所示。

（4）若格式化的是硬盘，在"文件系统"下拉列表中可选择 NTFS 或 FAT32，在"分配单元大小"下拉列表中可选择要分配的单元大小。若需要快速格式化，可选中"快速格式化"复选框。

（5）在"卷标"文本框中设置磁盘的卷标。

（6）单击"开始"按钮，将弹出"格式化警告"对话框，若确认要进行格式化，单击"确定"按钮，即可开始进行格式化操作。

（7）这时在"格式化"对话框的"进程"条中可看到格式化的进程。

（8）格式化完毕后，将出现"格式化完毕"对话框，单

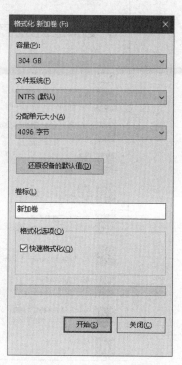

图 2.11　"格式化"对话框

击"确定"按钮即可。

11. 运行程序和打开文档的方法

（1）双击应用程序的快捷方式打开应用程序。

（2）双击某个文档，系统会运行默认的打开该文档的应用程序，同时该文档被打开。

（3）从"开始"菜单运行应用程序。

（4）在命令行提示执行相关应用程序的可执行文件。

2.4　实 验 习 题

（1）启动 Windows 时按 F8 功能键，查看 Windows 启动菜单。

（2）练习对桌面上对象的基本操作，包括对象的移动、重排序、删除。

（3）查看所使用计算机的基本信息，包括 Windows 版本、CPU 型号、内存大小、计算机名等。

（4）查看本计算机的显示分辨率与刷新频率。

（5）查看本计算机通知区域中显示哪些图标，然后进行设置练习。

（6）格式化磁盘练习（如 D 盘、E 盘或 U 盘），查看有哪些参数可设置，各代表什么含义。

（7）查看本计算机硬盘的相关属性，包括磁盘大小、逻辑分区、分区格式等。

（8）用多种方法运行"写字板"应用程序。

（9）从网上下载一种输入法并安装、设置，最后卸载。

2.5　实验报告与要求

（1）将完成实验习题的步骤与结果写到实验报告中。

（2）最后要提交的实验文档有 sy2.docx。

实验 二 文件、文件夹、路径及批处理命令

3.1 实验目的

- 掌握 Windows 文件的概念。
- 掌握文件、文件夹和路径的概念。
- 掌握相对路径与绝对路径的概念。
- 掌握在资源管理器中创建文件与文件夹的方法。
- 掌握在命令提示符中执行命令的方法。
- 掌握批量编写及执行的方法。

3.2 相关知识

1. 文件的概念

文件是赋予文件名的一组相关信息的有序集合。文件可以是程序、数据、文本(由字符串组成)、图片、声音形式等。文件的存储介质包括 U 盘、硬盘、磁带、光盘等。

2. 文件说明及文件组成

(1) 文件名:计算机为区分不同的文件,而给每个文件指定的名称。一个完整的文件名包括四部分内容,即盘符、路径、文件名和扩展名。

① 盘符:操作系统对存储设备设置的标识符,以区分各种存储设备。例如,硬盘盘符一般从 C 开始,如 C、D、E、F、G 等(实际上物理盘一般只有一个,它被划分成多个逻辑盘)。光盘一般为硬盘盘符后第一个字母,如 H。

② 路径:指出文件存在于哪个子目录下。

③ 文件名:具体文件的名称。

④ 扩展名:表明文件的属性(即属于哪一类的),可以省略,以下是一些常用的扩展名。

- .exe:可执行性文件。
- .sys:系统文件。

- .docx：Word 文件。
- .txt：文本文件。
- .wav：声音文件。
- .jpg：图像文件。
- .avi：视频文件。

（2）文件内容：文件的具体信息。

3. 文件名的命名方法

- Windows 允许长文件名（255 个字符），以好记为原则。
- 扩展名一般由 1～4 个字符组成。
- 不允许在文件名中使用"＋、＊、?、＝、：、\、/"等字符。

4. 文件名中的通配符使用

通配符主要有？和＊，用来代替一个或多个真正的字符。使用通配符可以对一批文件进行操作。

（1）? 通配符：代表它所在位置上的任意一个字符。例如,h??.docx 表示文件第 1 个字符为 h,第 2、3 个是任意字符的 Word 文档。

（2）＊ 通配符：代表从它所在的位置的任意多个字符。例如,＊.＊ 代表所有文件；＊.bas 代表扩展名为.bas 的所有文件。

5. 目录与路径

为了实现对文件的统一管理,同时又能方便用户,系统采用树状结构的目录来实现对磁盘上所有文件的组织和管理。这种树状的目录结构类似于一本书的目录,如图 3.1 所示。

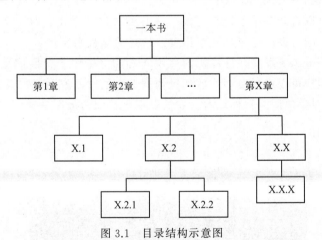

图 3.1　目录结构示意图

如果把一本书看作一个磁盘,磁盘中有根目录和若干个子目录。子目录中还有次一级的子目录,计算机中所有文件按照这种方式存放和管理。这种结构叫树状结构。

这种结构的特点是易查找、层次清楚和好管理。

树状目录结构的根部称为根目录。根目录用符号"\"表示。根目录是在对磁盘格式化时由系统创建的,不需用户创建。

(1) 路径的概念。

在多级目录下,从某一级目录出发去定位另一级目录下的某个文件时,中间经过的目录序列集合,就是路径。

(2) 几个重要的目录概念。

① 当前目录:在进行任何一种操作时,系统所在目录的逻辑位置称为"当前目录",用"."表示。

② 父目录:当前目录的上一级目录,用".."表示。

③ 根目录:从当前目录的盘符开始的目录,即第一级目录,用"\"表示。

(3) 路径的表示。

① 绝对路径:从根目录开始表示的路径名,例如"C:\user1\user11\ab\bc.doc",绝对路径与当前目录无关。

② 相对路径:从当前目录开始表示的路径名。

(4) 文件的属性。

文件主要有以下属性。

① 隐藏属性:一般情况下不显示。

② 只读属性:只能读,不能修改。

③ 系统属性:隐藏,不允许删除。

6. 文件和文件夹的管理

文件和文件夹的管理,就是通过创建、复制、移动和删除等操作把文件或文件夹存放在磁盘的某一位置,使得用户使用更方便,磁盘存储更合理。用户可以通过"Windows 资源管理器"管理自己的文件和文件夹。

在应用中,可以打开多个窗口来完成一些有关文件的操作。对于文件和文件夹的复制或移动操作,一般可以通过鼠标直接拖曳或通过剪贴板来实现。

剪贴板是 Windows 系统在计算机内存中开辟的一个用于交换信息的区域。在进行剪贴板操作时,用户可以通过复制或剪切操作把选中的对象放到剪贴板上,再通过粘贴操作把剪贴板上的对象复制到目标位置。在剪贴板上只保留最后一次用户存入的信息。

7. 命令行操作

(1) 当用户需要使用控制台时,可以按 Win+R 快捷键,在弹出的"运行"对话框中输入"cmd"并回车,也可以选择"命令提示符",即可启动"命令提示符"窗口,如图 3.2 所示。

图 3.2 "命令提示符"窗口

（2）在"命令提示符"窗口中，插入点光标的左侧为当前目录的路径，在图 3.2 中，路径为"C:\Users\f"。用户输入命令后按回车键，即可执行该命令，例如，输入"notepad"，将打开记事本程序。

图 3.3　"命令提示符"窗口的快捷菜单

（3）在"命令提示符"窗口中执行命令时，扩展名可省略。

（4）在工作区域内右击，会出现一个快捷菜单，如图 3.3 所示，可以将剪贴板中的内容复制到"命令提示符"窗口中。

（5）若要在"命令提示符"窗口中输入汉字，需要使用汉字输入法的切换键"Ctrl＋Space"来实现。

8. 常用命令

（1）切换到另一个逻辑盘，如 D 盘，直接输入命令"D："即可。

（2）查看文件及文件夹命令：DIR。

（3）查看目录结构命令：TREE。

（4）目录切换命令：CD ＜路径＞。

（5）创建目录命令：MD ＜文件夹＞。

（6）删除空目录命令：RD ＜文件夹＞。

（7）删除文件命令：DEL。

（8）创建文本文件命令：COPY CON ＜文件名＞。

（9）文件复制命令：COPY。

（10）查看与更改文件属性命令：ATTRIB。

9. 批处理文件

（1）批处理文件的扩展名为".bat"。

（2）批处理文件为文本文件。

（3）批处理文件的内容主要为实现某种功能的一系列命令的集合。

（4）创建批处理文件的常用方法是创建一个文本文件，然后用记事本打开、编辑存储后，将扩展名改为".bat"即可。

（5）批处理文件是可执行文件，可以在"命令提示符"窗口下直接执行。

3.3　实 验 内 容

1. 查看 Windows 目录结构

（1）双击桌面"计算机"图标，打开资源管理器窗口。

（2）在资源管理器窗口左侧窗格依次展开文件夹"C:""Windows""System32""Drivers"和"zh-CN"，如图 3.4 所示。

（3）左侧窗格显示的是文件夹的目录结构，也就是路径，右侧窗格显示的是该路径中的文件。

（4）单击地址栏，可以显示具体路径，例如，在图 3.4 中所示的具体路径为

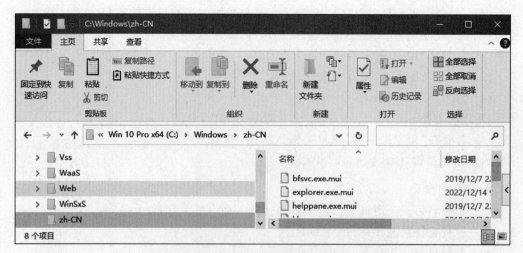

图 3.4　Windows 资源管理器窗口

"C：\Windows\System32\Drivers\zh-CN"。

2. Windows 文件管理

（1）选择文件和文件夹的操作。

① 双击桌面"计算机"图标，打开资源管理器窗口，如图 3.4 所示。

② 在资源管理器窗口左侧窗格选中一个文件，右侧窗格显示这个文件夹中的文件及文件夹。

③ 用鼠标拖曳在右侧窗格中选取多个连续的文件夹或文件。

④ 按住 Ctrl 键后，用鼠标分别单击资源管理器右侧窗格中的文件或文件夹可选中不连续的对象。

⑤ 用鼠标单击其他处，撤销选择。

（2）查看并设置对象属性的操作。

① 右击某个文件或文件夹，弹出快捷菜单。

② 在快捷菜单中选择"属性"命令，打开"属性"对话框，如图 3.5 所示。

③ 在"属性"对话框中可对文件的属性进行查看与设置。而在 Windows 的图形界面下不能设置文件或文件夹的系统属性。

（3）创建文件夹的操作。

① 在"Windows 资源管理器"的左侧窗格中选定要创建文件夹的路径。

② 单击工具栏中的"新建文件夹"按钮或右击右侧窗格的空白处，在弹出快捷菜单中选择"新建"→"文件夹"，将在当前路径下创建一个新文件夹。

③ 为新文件夹改名。

（4）文件或文件夹的复制和移动操作。

方法一：用鼠标左键拖动，步骤如下。

① 打开资源管理器窗口。

② 在资源管理器的右窗格中选择要创建或复制的文件或文件夹。

图 3.5 设置文件夹对象的"属性"对话框

③ 用鼠标拖动该文件或文件夹到左侧窗格的某个文件夹中,则完成文件或文件夹的移动操作。如果是拖动到不同驱动器的文件夹中,则完成的是复制操作。

④ 在拖动的同时按住 Ctrl 键,则完成复制操作。

⑤ 在拖动的同时按住 Shift 键,则完成移动操作。

方法二:用鼠标右键拖动,步骤如下。

① 选中要移动或复制的对象。

② 用鼠标右键拖动到目的地,释放按键,弹出菜单,如图 3.6 所示。

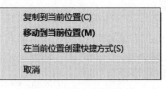

③ 选择菜单中的"复制到当前位置"选项,则完成复制操作(若选择菜单中"移动到当前位置"选项,则完成移动操作)。

图 3.6 弹出快捷菜单

方法三:用剪贴板移动或复制,步骤如下。

① 选中文件或文件夹。

② 单击"剪贴板"组中的"剪切"或"复制"命令,将选定内容复制到剪贴板。

③ 选定接收文件的位置(驱动器或文件夹窗口),单击"剪贴板"组中的"粘贴"命令,完成文件或文件夹的移动或复制操作。

(5)文件或文件夹的重命名操作。

① 在资源管理器窗口中单击选中要重命名的文件或文件夹。

② 再次单击该文件或文件夹,输入新的合法的名称,按回车键或单击其他处,即可完成重命名操作。

③ 也可右击要重命名的文件或文件夹,在弹出的快捷菜单中选择"重命名"命令,完成重命名操作。

(6) 文件或文件夹的删除。

① 选择要删除的对象。

② 按删除键 Delete 即可(或直接拖至"回收站")。

③ 右击要删除的文件或文件夹,在弹出的快捷菜单中选择"删除"命令,即可完成删除操作。

(7) 恢复被删除的文件或文件夹的操作。

① 双击桌面上"回收站"图标,打开"回收站"窗口,如图 3.7 所示。

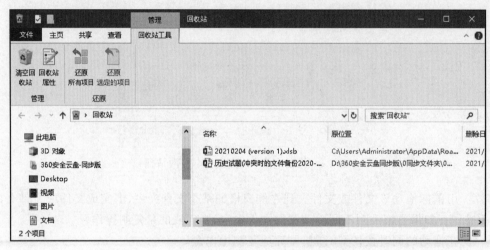

图 3.7 "回收站工具"窗口

② 在"回收站"窗口中,用鼠标选中需要恢复的文件或文件夹。

③ 单击"还原选定的项目"命令,将对象恢复到原来路径。或者右击要还原的对象,在弹出的快捷菜单中选择"还原"命令,即可完成还原操作。

④ 单击"清空回收站"命令,即可清空回收站。

(8) 搜索文件或文件夹。

① 打开资源管理器窗口,在左侧窗格中选取要搜索的驱动器或文件夹。

② 在右侧窗格右上部的索引栏中输入要搜索的关键词(如文件或文件夹名,可含有通配符),按回车键,即可进行搜索,如果找到,则显示在右侧窗格中,如图 3.8 所示。

3. 复制桌面屏幕

(1) 复制整个桌面。

① 打开一个 Windows 窗口。

② 按键盘上的 Print Screen 键。

③ 打开画图或其他类似软件。

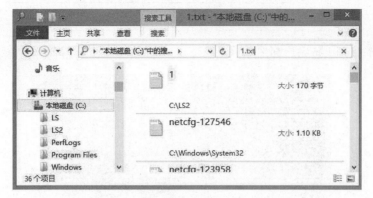

图 3.8　在资源管理器窗口中搜索文件

④ 单击"粘贴"按钮(或按 Ctrl＋V 快捷键),将桌面屏幕复制到画图软件中。

(2) 复制活动窗口

① 打开一个窗口或对话框,并保持该窗口或对话框为活动状态。

② 按 Alt＋Print Screen 键。

③ 在画图软件中按"粘贴"按钮(或按 Ctrl＋V 快捷键),则将活动窗口或对话框复制到了画图软件中。

4. 命令行操作

(1) 进入命令行窗口。

① 按 Win＋R 键,打开"运行"对话框,如图 3.9(a)所示。

② 在"打开"文本框中输入"cmd",单击"确定"按钮,进入命令提示符窗口,如图 3.9(b)所示。

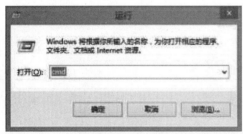

(a) "运行" 对话框

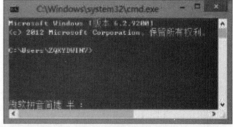

(b) 命令提示符窗口

图 3.9　进入命令提示符窗口

(2) 切换 C 盘根目录。

执行命令:

```
CD\
```

(3) 切换到 Windows 目录。

执行命令:

```
CD windows
```

以上两个命令执行完后如图 3.10 所示。

图 3.10　在命令提示符窗口执行命令(一)

(4) 显示 Windows 目录中的文件及文件夹信息。

执行命令:

```
DIR
```

(5) 切换到 D 盘,在 D 盘根目录下创建文件夹 DIR,再在该文件夹下创建两个文件夹(目录)A1 和 A2。

执行命令如下,括号中为命令说明。

```
D:            (切换到 D 盘)
CD \          (切换到 D 盘根目录)
MD DIR        (创建文件夹 DIR)
CD DIR        (切换到文件夹 DIR)
MD A1         (创建文件夹 A1)
MD A2         (创建文件夹 A2)
```

(6) 在 A1 文件夹下创建 A11 和 A12 文件夹,在 A2 文件夹下创建 A21 文件夹。

执行命令如下。

```
MD A1\A11         (在当前目录中 A1 目录下创建目录 A11,使用的是相对路径)
MD \DIR\A1\A12    (在根目录下的 DIR\A1 目录下创建目录 A12,使用的是绝对路径)
CD A2             (将当前目录切换到 A2 目录)
MD A21            (在当前目录即 A2 目录下创建 A21 目录)
```

(7) 删除文件夹 A12。

方法一:使用绝对路径。

```
RD \DIR\A1\A12
```

方法二：使用相对路径。

```
RD ..\A1\A12
```

注意：当前目录为 A2,这里删除的是当前目录的上一目录(..)下 A1 目录中的目录 A12。

(8) 切换到 DIR 目录,使用 TREE 命令显示目录结构。

执行命令如下,显示的目录结构如图 3.11(a)所示。

```
CD \DIR
TREE
```

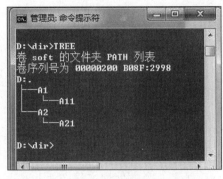
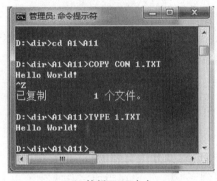

(a)目录结构   (b) 执行TYPE命令

图 3.11   在命令提示符窗口执行命令(二)

(9) 使用命令在 A11 文件夹下创建文本文件 1.txt,内容任意,创建完毕后使用 TYPE 命令查看文件内容。

执行命令如下,如图 3.11(b)所示。

```
CD A1\A11
COPY CON 1.TXT
…输入任意内容
^Z      (按 Ctrl + Z 键表示结束输入,然后回车)
TYPE 1.TXT
```

(10) 当前目录为 A11,然后将文件 1.txt 复制到文件夹 A21 中。

方法一：使用相对路径。

```
CD \DIR          (切换到 DIR 目录)
COPY A1\A11\1.TXT A2\A21
```

方法二：使用绝对路径。

```
COPY 1.TXT \DIR\A2\A21
```

（11）将 A21 文件夹中的文件 1.txt 改名为 2.txt。
执行命令如下。

```
CD \DIR\A2\A21
REN 1.TXT 2.TXT
```

（12）删除文件夹 A21 中的文件 2.txt。

```
DEL \DIR\A2\A21\2.TXT
```

（13）显示文件 1.txt 的属性，然后加上系统属性。
执行命令如下。

```
ATTRIB 1.TXT
ATTRIB 1.TXT +S
```

5. 创建批处理文件

【例 3.1】 已知在当前文件夹中有文件 1.txt，创建一个批处理文件 3_1.bat，其功能是在当前文件夹中创建 10 个文件夹：11、12、……、20，然后将文件 1.txt 分别复制到这 10 个文件夹中。

具体操作步骤如下。

（1）在当前目录下创建一个文本文件 3_1.txt。

（2）在 3_1.txt 中输入以下内容，省略号处为与上面相似的命令。

```
MD 11
MD 12
  ⋮
MD 20
COPY 1.TXT 11
COPY 1.TXT 12
  ⋮
COPY 1.TXT 20
```

（3）保存并关闭 3_1.txt，然后将文本改名为 3_1.bat。

注意：如果在 Windows 中给文件改扩展名，需更改 Windows 的设置，使其显示文件的扩展名。

(4) 双击创建的批处理文件,查看执行效果。

在批处理文件中也可以使用循环语句,使用循环语句的批处理文件内容如下。

```
FOR /L %%a in (11,1,20) DO MD %%a
FOR /L %%b in (11,1,20) DO COPY 1.txt %%b
```

3.4 实 验 习 题

(1) 创建以下目录及文件结构。用中括号括起来的是文件夹,否则为文件。文件可以用记事本创建,然后改名。

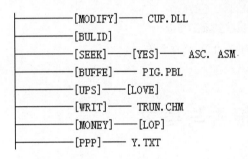

完成下列操作。

① 将 MODIFY 文件夹中的 CUP.DLL 文件复制到同一文件夹(即 MODIFY 文件夹)中,并命名为 PAS.DLL。

② 在 BULID 文件夹中创建一个新文件夹 CAT.TXT。

③ 将 SEEK\YES 文件夹中的文件 ASC.ASM 设置成只读属性。

④ 将 BUFFE 文件夹中的文件 PIG.PBL 删除。

⑤ 将 UPS 文件夹中的文件夹 LOVE 更名为 RIVER。

⑥ 将 WRIT 文件夹中的文件 TRUN.CHM 移动到 MONEY\LOP 文件夹中,文件改名为 X.CHM。

(2) 请将上题中每一小题对应的批处理命令(可以有多条)写到实验报告中。

(3) 使用复制活动对话框的方式将磁盘"格式化"对话框复制到画图中,并用画图中的文本工具在对话框图像的标题栏加入一个学号标志,再将该图复制到实验报告中,该图完成后类似于图 3.12。

(4) 假设在当前文件夹中有文件 1.txt,其内容为本人学号。创建一个批处理文件,其功能是在当前文件夹下创建两个文件夹 01 和 02,然后再在这两个文件夹中分别创建 10 个文件夹:1、2、……、10,再将当前文件夹中的文件 1.txt 分别复制到这 20 个文件夹中。

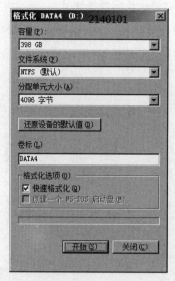

图 3.12 编辑后的"格式化"对话框图像

3.5 实验报告与要求

（1）完成实验习题。

（2）提交的文件及文件夹有：实验报告文件 sy3.docx，批处理文件如 202210001.bat 及以上作业所创建的文件夹及文件，结构类似于图 3.13。

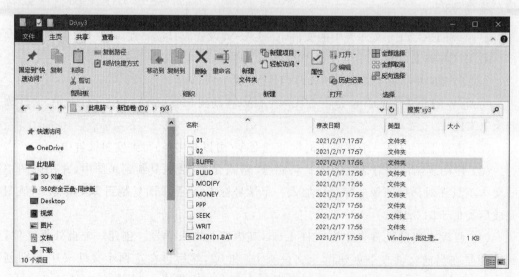

图 3.13 本次实验文件夹

大学计算机基础（第 3 版）上机实验指导

实验 四 Word 操作

4.1 实 验 目 的

- 掌握页面排版与文档的格式化。
- 掌握页面设置。
- 掌握使用样式编辑文档。
- 掌握艺术字、图片、公式等对象的使用。

4.2 相 关 知 识

1. 页面设置

(1) 纸张方向设置。

(2) 纸张大小设置。

(3) 文字方向设置。

(4) 页边距设置。

(5) 分栏设置。

2. 文本的编辑

(1) 输入不同格式文本与特殊字符。

(2) 选择文本的方法。

(3) 删除与插入文本。

(4) 查找与替换文本。

3. 文字格式设置

(1) 字体与字号设置。

(2) 加粗、倾斜与下画线字型设置。

(3) 上标与下标设置。

(4) 字体颜色设置。

(5) 字符边框等设置。

4. 段落格式设置

（1）项目符号与编号。

（2）文本对齐方式设置。

（3）大纲级别设置。

5. 其他设置

（1）分页与分节设置。

（2）插入页眉、页脚和页码。

（3）添加目录。

4.3 实验内容

1. Word 的选项卡及选项组

Word 的各个选项卡和命令如图 4.1 所示。对于所有的设置，单击"快速访问"工具栏中的"撤销"按钮 ↶，可对前一个操作进行恢复。

2. 页面设置

（1）纸张方向设置。

Word 提供的视图模式包括阅读视图、页面视图、Web 版式视图、大纲视图和草稿。在查看、审阅或编辑文档时，可以根据需要选择不同的视图，单击功能区中的"视图"选项卡，就可以在"视图"组中选择自己需要的视图模式，如图 4.2 所示。

图 4.1 选项卡、组和组中的命令

图 4.2 "视图"组

在"页面视图"下输入文字，一般选择纸张方向为"纵向"。单击"页面布局"选项卡，在"页面设置"组中单击"纸张方向"选择"纵向"或"横向"，如图 4.3 所示。Word 默认为 A4 纸（宽 21cm×高 29.7cm）。

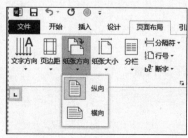

图 4.3 设置纸张方向

（2）纸张大小设置。

单击"页面布局"选项卡,在"页面设置"组中单击"纸张大小"选择相应类型的纸张。

（3）文字方向设置。

同样,单击"页面布局"选项卡,在"页面设置"组中选择"文字方向",一般选择"水平"。文字先输入后排版,通过按换行键或者输入内容到达文档右边界自动换行。

（4）页边距设置。

页边距是指页面的边线到文字的距离。单击"页面布局"选项卡,在"页面设置"组中单击"页边距",可以选择固定页边距,也可以根据需求自定义页边距。

（5）分栏设置。

根据需要,将整篇或部分文档分为多栏显示,以此保证文字显示的灵活性。单击"页面布局"选项卡,在"页面设置"组中单击"分栏"选择相应的分栏模式。

3. 文本的编辑

（1）输入特殊字符。

打开"插入"选项卡,单击"符号"组中的"符号"按钮,在下拉菜单中单击"其他符号"按钮,打开"符号"对话框,如图 4.4 所示,选择需要的字符后单击"插入"按钮。对于一些常用的特殊符号也可使用快捷键,如要插入"×",可以输入 00D7,然后单击"插入"按钮。

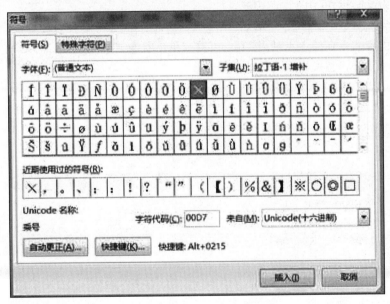

图 4.4　输入特殊字符

（2）选择文本的方法。

使用鼠标选择文本的方法有以下几种。

① 使用拖曳法选定文本块。

② 双击选定一个词。

③ 使用 Shift 键和鼠标来选定文本。

④ 选定一段文本：三击(连续单击三次)鼠标左键,即可选定整个段落。也可以按住 Ctrl 键,然后单击某一位置,则该位置所在的一句话被选中。

⑤ 选定任一矩形区域文本：按住 Alt 键和鼠标左键,拖动鼠标光标到文本块的对角,即可选定一个矩形区域文本。

使用键盘选择文本的方法有以下几种。

① 使用 Shift 键与方向键的组合。

② 使用 Shift 键和 End、Home、Shift、PgUp、PgDn 键的组合。

③ 使用 Ctrl 键、Shift 键和 ↑、↓ 键的组合。

④ 使用 Ctrl+A 快捷键可以选定整篇文档。

(3) 删除、移动、复制及插入文本。

① 按 Del、Backspace 键或单击"剪贴板"组中的"剪切"按钮,选定的文本被送至剪贴板中,原内容在文档中被删除。

② 单击"快速访问工具栏"中的"撤销"按钮,可撤销本次删除操作。

③ 将插入点移到目标位置,在"开始"选项卡中,单击"剪贴板"组中的"粘贴"按钮,完成选定文本的移动。

④ 如果选定文本后选择"复制"按钮,则文本内容送到剪贴板且原内容在文档中仍然保留,此时为复制操作。

⑤ 在编辑 Word 过程中,默认是"改写"状态,即在插入点输入字符后,原有字符向后移动,新的内容插入在插入点处,按 Insert 键或单击状态栏上的"插入"标志则变为改写状态,新输入的字符将替换插入点后的字符。

(4) 查找和替换文本。

在"开始"选项卡中,单击"编辑"组中的"替换"命令,在"查找内容"框中输入要查找的文本内容,如图 4.5 所示,在"替换为"框中输入替换文本内容,单击"替换"或"全部替换"按钮。

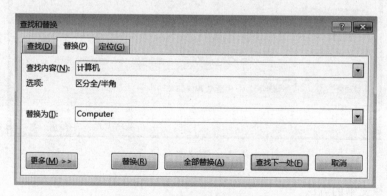

图 4.5 "查找和替换"对话框

4. 文字格式设置

(1) 设置字体、字号。

对于特定的要求,根据标题、正文内容的排版需要设定不同的字体、字号。如图 4.6

所示,选择"开始"选项卡,在"字体"组中进行字体、字号设置。

图 4.6 字体和字号设置

(2) 设置加粗、倾斜与下画线。

为了变化文字形式、突出显示内容,或者由于专业文章的文字形式需求,需要将文字设置加粗、倾斜与下画线等字型,选择"开始"选项卡,在"字体"组中进行斜体或下画线设置,如图 4.7 所示。

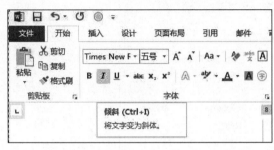

图 4.7 斜体或下画线设置

(3) 设置上标与下标。

上标与下标设置可以在文字上方或上方创建小字符,例如,在文章中出现引用他人文献作为参考时,可以插入"脚注"或尾注,同时在相关文字的上方创建上标标识。选择"开始"选项卡,在"字体"组中进行上标或下标设置。

(4) 设置字体颜色。

选择"开始"选项卡"字体"组中的"字体颜色A"进行设置。

注意:此处的字体颜色设置不同于"以不同颜色突出显示文本ab"的设置。

(5) 设置字符边框。

选择"开始"选项卡的"字体"组中的"字符边框A"进行设置。

5. 段落格式设置

(1) 项目符号与编号。

设置项目符号和编号可以标注段落的位置或者突出显示段落内容。

① 选中要设置的多段文档,在"开始"选项卡中单击"段落"组中的"项目符号"按钮,即可以在选中的段落前自动添加项目符号。

② 选中要设置的多段文档,在"开始"选项卡中单击"段落"组中的"编号"按钮,即可以在选中的段落前自动添加项目编号。

（2）文本对齐方式设置。

将光标放在某一段或选中几段，在"开始"选项卡中单击"段落"组中"对齐"按钮 ≡ ≡ ≡ ≡ ⬛，可使文档实现左对齐、居中、右对齐、两端对齐以及分散（即内容均匀分布的对齐方式）。

（3）大纲级别设置。

首先选中设置大纲级别的段落，在"开始"选项卡中单击"段落"组中的"对话框启动器"按钮，启动如图 4.8 所示的"段落"对话框，单击"大纲级别"下拉列表，选择相关的大纲级别。

大纲级别的设置，不仅为设置文档的目录进行内容预设，同样为视图中导航窗格的显示做准备。如图 4.9 所示，单击"视图"的"显示"组中的"导航"窗格显示文档的大纲级别。

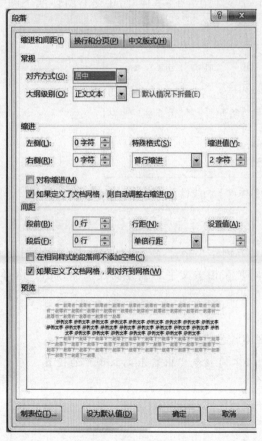

图 4.8 "段落"对话框

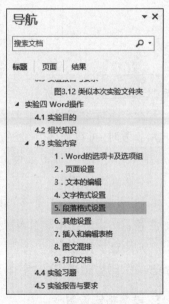

图 4.9 "导航"窗格

【例 4.1】 编辑排版参照例 4.1 样本.pdf（请到 jsjxxw.cn/collegecourse/下载或实验教师分发）。按以下要求完成 Word 文档编辑排版。

（1）将正、副标题文字设置为"宋体、三号、黑色、双下画线、居中"。

（2）为正、副标题设置底纹，要求如下。

① "茶色，背景 2"填充。

大学计算机基础（第 3 版）上机实验指导

② 图案样式为"20％"，图案颜色为"橙色"。

③ 应用于"文字"。

（3）设置正文格式为"仿宋、小四，两端对齐"，首行缩进"2 字符"，行距为"1.2 倍"。

（4）文档中"一、考试等级及考试时间"，"二、报考条件"，……，"七、其他"各小标题加粗。

（5）"备注"下方的两个段落，将原有编号"1."和"2."，改为①和②。

（6）使用"替换"功能将文档中的"NCRE"全部替换为"全国计算机等级考试"。

（7）文件另存为"例 4.1.docx"。

具体操作步骤如下。

（1）打开"实验 4.1 原文件.docx"。

（2）选择正副标题文字，单击"开始"选项卡的"字体"组进行设置，将正、副标题的文字设置为"宋体、三号、黑色、双下画线"，并单击"开始"选项卡的"段落"组中的"居中"按钮，设置标题居中。

单击"开始"选项卡的"段落"组中的"边框"按钮右侧的三角图标，在弹出的下拉菜单中单击"边框和底纹"命令，启动"边框和底纹"对话框。

① 在"边框和底纹"对话框中选择"底纹"选项卡；

② 在"填充"栏中选择"茶色，背景 2"；

③ 在"图案"栏中，"样式"选择 20％；

④ "颜色"选择"橙色"（标准色中第 3 个颜色）；

⑤ 在"预览"栏中，"应用于"选择"文字"，单击"确定"按钮完成"边框和底纹"设置。具体操作如图 4.10 所示。

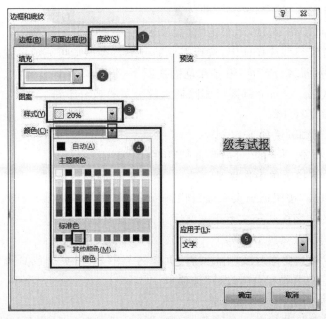

图 4.10　"边框和底纹"对话框

（3）选择正文内容,在"开始"选项卡中的"字体"组中设置字体为"仿宋",字号为"小四";打开段落对话框,在"缩进和间距"选项下,设置对齐方式为"两端对齐",首行缩进"2字符",行距设为"多倍行距",值为 1.2 倍。

（4）选中小标题"一、考试等级及考试时间",单击"开始"选项卡中"字体"组中的加粗按钮设置加粗,同样设置其他 6 个小标题。

（5）选择"备注"下方的两个段落,将原有编号"1."和"2.",改为①和②。选择"插入"选项卡中的"符号"组,按照插入特殊字符方式,在字符代码中输入"2460"插入以"① "开始的项目号(或在正文中输入 2460,再按 Alt+X 键)。

（6）单击"开始"选项卡的"编辑"组中的"替换"命令,在"查找内容"文本框中输入"NCRE",在"替换为"文本框中输入"全国计算机等级考试",然后单击"全部替换"按钮。

（7）文档另存为"例 4.1.docx"。

6. 其他设置

一篇完整的文档经过页面设置、文本编辑、文字设置、段落设置等一系列格式化操作后,为了阅读方便以及特定格式需要,一般还需要进行以下设置。

（1）分页与分节设置。

插入分页符的操作方法如下。

① 将插入点光标置于需要分页的位置。

② 打开"布局"选项卡,单击"页面设置"组中的"分隔符"命令。

③ 在"分页符"类型选择区中,单击"分页符"按钮即可完成设置。

提示：按"Ctrl+回车"快捷键可以快速插入分页符。

插入分节符的操作方法如下。

① 将插入点光标置于需要分节的位置。

② 打开"页面布局"选项卡,单击"页面设置"组中的"分隔符"命令。

③ 在"分节符"类型选择区中,选择需要的分节符类型即可完成设置。

如果删除分页符或分节符,需要在草稿视图下,将光标移到分隔符、分节符出现的位置,再按 Del 键或 Backspace 键即可删除插入的分页符或分节符。

（2）插入页眉和页脚。

创建页眉与页脚方法如下。

① 单击"插入"选项卡的"页眉和页脚"组中的"页眉"命令。

② 在弹出的下拉菜单中选择某一选项,然后进行页眉的编辑。完成后单击功能区中的"关闭页眉和页脚"按钮退出页眉编辑状态。用同样的方法可实现插入页脚。

页面、页脚的文字格式和文章正文文字格式设置方法相同。

修改或删除页眉、页脚方法如下。

① 将插入点移到要修改或删除页眉、页脚的节中,双击页眉或页脚区域。此时功能区中会出现相应的"页眉和页脚设计"选项卡。

② 对页眉、页脚进行修改或删除。

③ 要修改或删除其他节中的页眉、页脚,单击"导航"组中的"上一节"和"下一节"命令按钮,查找并进行修改或删除操作。

④ 设置完毕后单击功能区中的"关闭页眉和页脚"按钮,返回文档。

在页眉或页脚中设置页码方法如下。

① 将插入点移到要添加页码的节中。若没有分节,则对整篇文档添加页码。

② 单击"插入"选项卡的"页眉和页脚"组中的"页码"命令按钮,弹出"页码"下拉菜单,如图 4.11 所示,选择相应的页码样式。

③ 设置完页码后,在如图 4.11 所示的菜单中执行"设置页码格式"命令后,启动如图 4.12 所示的"页码格式"对话框,可设置页码的数字格式及页码编号方式。"页码编号"方式默认为"续前节",表示本节起始页码为前一节最后一页的页码加 1;"起始页码"表示本节页码重新开始编号。设置完成后,单击"确定"按钮,退出"页码格式"对话框。

图 4.11　"页码"下拉菜单　　　　　　图 4.12　"页码格式"对话框

④ 如果需要删除页码,双击页码,删除页码即可。若没有分节,则删除整篇文档的页码。

注意:由于设置了分节,需要对不同的页面的页眉、页脚和页码进行不同的内容设置,可以取消"链接到前一条页眉",如图 4.13 所示,分别进行不同内容显示的设置。

图 4.13　取消"链接到前一条页眉"设置

(3) 添加目录。

① 将插入点光标置于某个需要在目录中体现的章节号对应的段落。

② 在"开始"选项卡的"样式"组中选择某一个标题样式,或在"段落"对话框中选择某个大纲级别。

③ 重复步骤①和②,将文档中所有需要在目录体现的章节全部设置为标题样式或大纲级别。

④ 将插入点移到文档中需要插入目录处,在"引用"选项卡中执行"目录"组的"目录"命令,在弹出的菜单中执行"插入目录"命令,启动如图 4.14 所示的"目录"对话框。

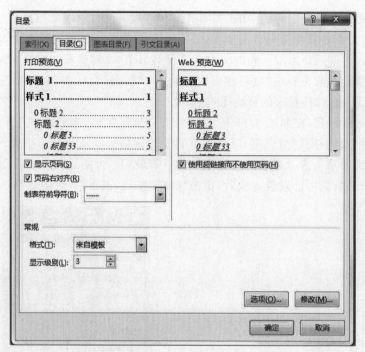

图 4.14 "目录"对话框

⑤ 根据需要设置目录显示级别与目录样式。

⑥ 如果要更新目录,只需在插入的目录部分右击,在弹出的快捷菜单中单击"更新域"命令,则可对目录的页码进行更新,如图 4.15 所示。

【例 4.2】 创建页眉、页码及目录(在例 4.1 的设置基础上继续完成本例的操作),具体要求如下。

(1) 文档标题大纲级别设置为 1 级;各子标题大纲级别设置为 2 级。

(2) 使用分页符在正副标题后使用分布符插入一个空白页。

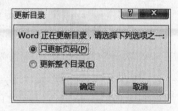

图 4.15 "更新目录"对话框

(3) 在空白页中插入目录。

(4) 在目录页后插入一个分节符。

(5) 插入页码,正副标题页与目录页的页码格式为罗马数字"Ⅰ,Ⅱ,…",目录页后的正文页码从 1 开始,格式为阿拉伯数字"1,2,…"。

(6) 为正文添加页眉,页眉内容为"NCRE 报名通知",正副标题与目录页不设置页眉。

具体操作步骤如下。

(1) 打开"例 4.1.docx"文件,将视图切换为大纲视图,选择正、副标题内容,将标题级别设为 1 级;依次将一、二、三、……、七的标题内容设置为 2 级,关闭大纲视图。

(2) 在副标题后插入空白页。将光标置于副标题后,选择"页面布局"选项卡的"页面设置"组中"分隔符"命令,在下拉菜单中单击"分页符"。将光标放置在"分页符"后,选择"插入"选项卡的"页"组中"空白页"。将光标放置在空白页,选择"页面布局"选项卡的"页面设置"组中"分隔符"命令,在下拉菜单中单击"分节符"的"下一页"。

(3)将光标置于正副标题页,单击"插入"选项卡的"页眉和页脚"组中的"页码"命令,选择"页面底端"的"普通数字 2";再次单击"页码"命令,选择"设置页码格式",在弹出的"页码格式"对话框中,选择"编号格式"为罗马数字格式"Ⅰ,Ⅱ,Ⅲ,…"。

(4)将光标移到目录后的正文页,双击页码区域,单击"设计"选项卡中"导航"组中"链接到前一条页眉"按钮,去掉"链接到前一条页眉"功能。

单击"页眉和页脚"组中的"页码"命令,选择"设置页码格式",在弹出的"页码格式"对话框中,选择"编号格式"为阿拉伯数字格式"1,2,3,…"。

单击"转至页眉"命令,设置页眉内容为"NCRE 报名通知",单击"关闭页眉和页脚"命令退出设置,如图 4.16 所示。

(5)将光标放置在文档空白页,单击"引用"选项卡的"目录"组中的"目录"命令,选择"自动目录 1"样式,生成目录。

图 4.16　设置页眉和页脚

7. 打印文档

(1)打印前预览文档。

①选择"文件"标签中的"打印"命令。或单击"自定义快速访问"工具栏中的"打印预览"按钮。此时中间窗格将显示所有与文档打印有关的命令选项,而右侧窗格中可以预览打印效果。

②拖动"显示比例"滚动条上的滑块可以调整文档的显示大小,单击"下一页"和"上一页"按钮,可以进行预览翻页。

③单击"开始"选项卡或按 Esc 键返回编辑状态。

(2)打印文档。

①需要打印文档时,计算机必须连接本地或网络打印机,并正确安装了打印机驱动程序。

②单击"文件"标签,在文档窗口左侧的选项列表中单击"打印"选项,此时中间窗格将显示所有与文档打印有关的命令选项,根据打印要求分别进行设置,然后单击"打印"按钮即可开始打印。

4.4　实验习题

在教师指定位置下载文件包实验四作业,按照要求完成下列操作并以 4_1.docx 保存文档。利用 Microsoft Word 完成学位论文的排版,在实验报告 sy4.docx 中书写本次实验的实验目的及实验心得。

要求：

（1）调整文档版面。

① 纸张大小：纸的尺寸为 A4，纸张方向设置为"横向"，页边距为"普通"。

② 每页 44 行，每行 38 字。

③ 页码：页码用阿拉伯数字连续编页，字号与正文的相同，页底居中，数字两侧用圆点或一字横线修饰，如·3·或－3－（只在"引言"内容页设置）。

④ 页眉：自摘要页起加页眉，页眉字体为"楷体"，字号为"五号"。

（2）在封面中将实验四作业用图 1、作业用图 2 插入，按图 4.17 所示顺序排列。

（3）在封面插图后插入文本框，输入内容"NORTHEASTERN UNIVERSITY"，如图 4.17 所示，字体为"Times New Roman"，字号为"五号"，加粗。

图 4.17　设置图片顺序

（4）在封面输入"东北大学硕士学位论文"，字体为"宋体"，字号为"四号"。封面其他内容字体为"华文宋体"，字号为"三号"。

（5）增加页眉内容。如图 4.18 所示。为中英文摘要、目录、第 1 章增加页眉，字体均为"楷体"，字号为"五号"。注意：不同内容设置不同页眉，要预先进行分节设置。

图 4.18　设置摘要页眉

（6）在"东北大学硕士学位论文"排版打印格式中，设置 1 级标题字体为"黑体"，字号为"五号"，2 级标题字体为"宋体"，字号为"五号"。

图 4.19　公式内容

（7）在"公式举例"中插入如图 4.19 所示公式。

（8）保存本文档为 4_1.docx，样本文档见实验四作业文件夹中的"实验四作业样本.pdf"。

4.5　实验报告与要求

按规定要求写出实验报告 sy4.docx，最后需要提交的实验文档有 sy4.docx 和 4_1.docx。

实验 五　Excel 操作

5.1　实验目的

- 熟悉和掌握工作表的基本编辑操作。
- 掌握在工作表中单元格的格式设置。
- 掌握工作表中输入数据及数据格式的设置方法。
- 熟悉并掌握公式及函数的使用。
- 掌握数据的图表化操作。

5.2　相关知识

1. 工作簿及工作表的基本操作

（1）工作簿的基本操作。

（2）工作表的基本操作。

2. 单元格的操作

（1）单元格的编辑。

（2）单元格的格式化操作。

3. 数据的操作

（1）数据的编辑。

（2）数据的格式化操作。

4. 数据的应用操作

（1）利用函数对数据进行计算,如 SUM、AVERAGE、LOOKUP、IF 等函数的使用。

（2）数据的排序、筛选、汇总操作。

（3）数据的条件显示操作。

5. 数据的图表化表示

（1）图表的创建。

（2）数据透视表的生成。

（3）数据透视图的建立。

6. 页面设置与打印

（1）进行页面的常规设置，如页边距、纸张方向、纸张大小等。

（2）进行打印区域和打印标题的设置。

5.3 实 验 内 容

1. Excel 的窗口组成

Excel 的窗口组成如图 5.1 所示。

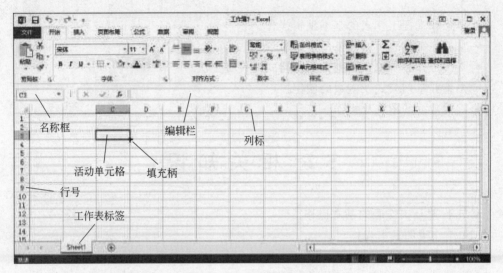

图 5.1 Excel 的窗口组成

进入 Excel，创建一个空白工作簿文件，文件名默认为"工作簿 1.xlsx"，即可输入数据。

2. 工作簿及工作表的基本操作

（1）工作簿的基本操作。

工作簿是 Excel 的核心，是 Excel 计算和储存数据的文件。每一个工作簿最多可包含 255 张工作表。

工作表是工作簿的一部分，是 Excel 用来存储和处理数据的最主要文档，它包含排成行和列的单元格。工作表的名称显示在工作簿窗口底部的工作表标签上。

用户创建工作簿后，存储工作簿时，需要用户为工作簿命名，并决定存储位置。对已经存盘的工作簿文件，可以单击"文件"标签中的"打开"命令打开工作簿文件，该操作实际上是将该文件调入内存并显示在屏幕上。编辑完工作簿后可单击"文件"标签中的"关闭"命令将其关闭。

（2）工作表的基本操作。

① 创建工作表：单击工作表下方标签处的添加按钮，即添加一个新的工作表。

② 选定工作表：按住 Shift 键并选定连续工作表；按住 Ctrl 键可选定不连续的工作表。

③ 移动工作表：使用鼠标拖曳可移动工作表。

④ 重命名工作表：右键单击工作表名称，在弹出的快捷菜单中选择"重命名"命令可对工作表重命名，或双击工作表名称改名。

⑤ 删除工作表：右键单击工作表名称，在弹出的快捷菜单中选择"删除"命令可删除选中的工作表。

⑥ 复制工作表：右键单击工作表名称，在弹出的快捷菜单中选择"移动或复制"命令，弹出"移动或复制工作表"对话框，勾选"建立副本"复选框，选择复制的位置，如图 5.2 所示，单击"确定"按钮即可完成工作表的复制。

⑦ 冻结拆分窗格。

在工作表中选定作为拆分分割点的单元格，单击"视图"选项卡"窗口"组中的"拆分"按钮，工作表就会被拆分成 4 个窗格。拖动窗格间的分隔线可调节窗格大小。同样地，如果拆分窗格后再次单击"拆分"按钮，将取消对工作表的拆分。

选定视图选项卡，单击窗口组中的"冻结窗格"按钮，在弹出如图 5.3 所示的下拉列表中选择冻结窗格的方式，即可完成冻结窗格的设置。

图 5.2　"移动或复制工作表"对话框

图 5.3　冻结窗格

3. 单元格的操作

（1）单元格的编辑。

① 选取单元格的方法：可以通过鼠标拖曳或鼠标与键盘结合的方法来选取单元格，也可以拖曳行（列）号来选取多行（列）。

② 插入单元格：选取要插入单元格右侧的单元格，在选取的单元格上右击，在弹出的快捷菜单中单击"插入"命令，弹出如图 5.4 所示的"插入"对话框，选择某种插入方式，单击"确定"按钮完成插入单元格操作。如果选取了多行（列），在选取的行（列）上右击，然后在弹出的快捷菜单中单击"插入"命令，则在选取的行（列）前面插入多行（列），插入的行

(列)数等于选取的行(列)数。

③ 删除单元格：删除单元格的操作方法与插入单元格的操作方法类似，右键单击选中的单元格后，弹出如图5.5所示的"删除"对话框，选择某种删除方式，单击"确定"按钮即可删除单元格。

图5.4 "插入"对话框   图5.5 "删除"对话框

(2) 单元格的格式化操作。

设置列宽和行高的方法如下。

① 粗略调整行高和列宽：通过鼠标拖动行或列的边框线来调整行高和列宽。

② 精确调整行高和列宽：选定要调整行高或列宽的行或列，单击"开始"选项卡的"单元格"组中的"格式"按钮，在弹出的下拉菜单中选取相应的调整模式进行设置即可。

合并单元格的方法如下。

在"开始"选项卡的"对齐方式"组中还可对单元格式进行合并操作，如果需要将单元格中的数据换行，可设置"自动换行"或在输入数据时按Alt＋Enter组合键进行单元格内数据换行操作。

设置单元格的边框和底纹方法如下。

在"设置单元格格式"对话框中的"边框"选项卡中可进行边框线条的详细设置，如图5.6所示；在"填充"选项卡中可进行底纹的详细设置，如图5.7所示。

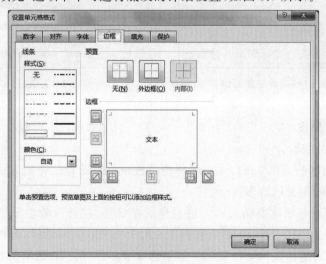

图5.6 "边框"选项卡

大学计算机基础(第3版)上机实验指导

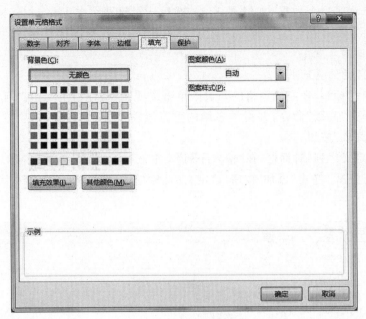

图 5.7　"填充"选项卡

4. 数据的操作

（1）数据的编辑。

选定工作表后，用户就可以在工作表中输入数据，即根据需要，将系统允许的各类数据输入到指定的单元格中。单元格中可以存储文本、数值、日期、时间等数据。

● Excel 对数据类型进行自动识别。

如果没有对单元格中的数据类型进行设置，Excel 会以默认的方式进行类型的识别。如果输入的是字符，Excel 会认为是文本，并把类型设置为"常规"，对齐方式为左对齐；如果输入的是数字，Excel 会认为是数值，并把类型设置为"常规"，对齐方式为右对齐，如果数字的位数超过 11 位，则 Excel 会以科学记数法的方式来表示输入的数字；如果输入的是日期型的格式，如"2014/09/01"，Excel 会将数据类型设置为日期型。

● 输入像数字的文本。

有些数据看起来像数字，但它们其实是文本，如学号、商品编号、身份证号等，因为它们不可进行算术运算或进行算术运算没有意义。这种情况下必须将单元格数据类型设置为文本再进行数据的输入。

方法一：先将单元格的数据类型设置为"文本"，再进行数据的输入。

方法二：在数据前输入一个半角的撇号""""表示其后面的数据是文本。

● 输入系列数据的方法如下。

① 利用鼠标填充序列号：选定要生成序列数据的第一个单元格，并输入起始序号。然后按下 Ctrl 键，拖动填充柄，这时在鼠标旁出现一个小"＋"号以及随鼠标移动而变化的数字标识，当数字标识与需要的最大序列号相等时，松开 Ctrl 键和鼠标即可。

② 利用鼠标填充序列数据：首先按照序列的规律在第一个和第二个单元格中输入

序列的第一个和第二个数据,如输入1、3。然后选定这两个单元格,并将鼠标指向填充柄。按下鼠标左键并拖动填充柄,当到达目标单元格时,松开鼠标左键,即可完成序列数据填充,如1、3、5、7、9、11、……。

③ 创建自定义填充序列。

单击"文件"标签,在左侧窗格的列表中单击选项命令,弹出"Excel 选项"对话框。在左侧列表中单击"高级"命令,并拖动右侧的垂直滚动条直至"常规"选项栏,单击其中的"编辑自定义列表"按钮。

打开"自定义序列"对话框,在"输入序列"文本框中输入自定义序列项,以 Enter 键或英文逗号进行分隔。单击"添加"按钮,自定义的序列将出现在"自定义序列"框中,如图5.8所示。

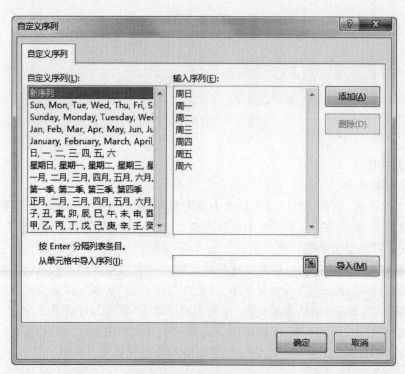

图5.8 "自定义序列"对话框

单击"确定"按钮关闭对话框,完成自定义序列添加。如果要在工作表中填充自定义序列,用户只要在单元格中输入序列的第一项,然后拖动填充柄或鼠标左键双击填充柄,就可以自动完成自定义序列的填充。

(2) 数据的格式化操作。

① 设置字体格式:与 Word 中的设置方法相同。

② 设置数据的对齐方式:在 Excel 中,单元格中数据除了水平对齐外,还有垂直对齐,可通过"开始"选项卡的"对齐"组中的功能按钮进行设置。

【例5.1】 编辑如表5.1所示的例表(工作表文件可于指定的相关地址进行下载)。

表 5.1　例表

	A	B	C	D	E	F	G	H	I	J
1					成绩表					
2	学号	姓名	学院	入学日期	高数	计算机	英语	总分	平均分	奖学金
3	101	学 生 A	会计	2021-09-12	70	90	80	240	80.00	二等
4	102	学 生 B	会计	2021-09-12	90	80	70	240	80.00	二等
5	202	学 生 C	工商	2021-09-13	90	88	98	276	92.00	一等
6	103	学 生 D	会计	2021-09-12	85	90	80	255	85.00	一等
7	201	学 生 E	工商	2021-09-13	89	88	90	267	89.00	一等
8	203	学 生 F	工商	2021-09-13	80	70	79	229	76.33	二等

① 打开"例 5.1.xlsx"文件,在整个数据表上插入一行,合并单元格,填入表头"成绩表",设置其字体为"宋体",字号为"20 号",表头内容不设边框。

② 设置表中数据格式。设置表中"学号"列数据为文本格式。选中"学号"列的数据,通过"开始"选项卡的"数字"组中的"数字格式",设置该数据格式为"文本"。

③ 选中入学日期列数据,右键单击,在弹出的快捷菜单中选择"设置单元格格式"→"数字"→"自定义",设置日期格式为"yyyy-mm-dd"。

④ 选中"姓名"列数据,单击"开始"选项卡的"对齐方式"组中右下角的对话框启动器,打开"设置单元格格式"对话框,在"对齐"项选择"分散对齐",将姓名列数据设置为分散对齐,其他单元格数据水平居中对齐。

⑤ 单击"开始"选项卡的"字体"组中右下角对话框启动器,打开"设置单元格格式"对话框,在"填充"页的"图案颜色"列表给列标题添加颜色为"白色,背景 1,深色 50％"。

⑥ 选择"框线"命令,或者直接打开"设置单元格格式"对话框,在"边框"选项卡中参照表 5.1 为表格内添加单、双边框线,并将外边框设置加粗效果。

⑦ 保存工作簿。

5. 数据的应用操作

(1)利用函数对数据进行计算。

● 单元格地址的引用方式。

① 相对引用。

默认情况下,Excel 使用"A1"形式描述单元格地址,即用字母表示列标,用数字表示行号。第一种单元格引用形式为"R1C1",在这种形式中行号和列标都用数字表示。若要使用第二种单元格引用形式,可以在"文件"标签栏中单击"选项"命令,在弹出的"Excel 选项"对话框左侧列表中,单击"公式"选项,在右侧窗格中的"使用公式"栏中勾选"R1C1 引用样式",单击"确定"按钮关闭对话框即可。

② 绝对引用。

绝对引用是指在把公式复制到新位置时,其中的单元格地址保持不变。设置绝对地址需在行号和列标前面分别加上"$"。

● Excel 的运算符。

Excel 具有强大的数据运算能力,用户可以用公式进行简单的计算,如加、减、乘、除等,也可以完成较复杂的财务、统计及科学计算,还可以用公式进行比较或操作文本(字符串)。Excel 的常用运算符如表 5.2 所示。

表 5.2　Excel 的常用运算符

运算符种类	运算符符号
算术运算符	+、−、*、/、%、^
比较运算符	=、>、>=、<、<=、<>
连接运算符	&
引用运算符	:、、

● 使用公式与函数。

① 输入公式：输入公式必须以等号开头，且数据类型格式不能设置为文本。

② 使用函数：函数是 Excel 预定义的内置公式，可以进行数学、文本、逻辑的运算或者查找工作表的信息，与直接利用公式计算比较，使用函数进行计算的速度更快，同时还可以减小输入时的出错率与代码量。Excel 的常用函数如表 5.3 所示。

表 5.3　Excel 的常用函数

格　　式	功　　能
SUM(c1,c2,…)	计算各参数数值的和
AVERAGE(c1,c2,…)	求各参数数值的平均值
COUNT(c1,c2,…)	计算参数组中的数值型数据的个数
MAX(c1,c2,…)	计算各参数数值中的最大值
MIN(c1,c2,…)	计算各参数数值中的最小值
LOOKUP(lookup.value,lookup_vector,[result vector])	从单行、单列或从数组中查找一个值
VLOOKUP(lookup_value,table_array,col_index_ num,[range_ lookup])	搜索表区域首列满足条件的元素
INT(c)	对参数取整
ABS(c)	取给定参数的绝对值
MOD(c1,c2)	求 c1/c2 的余数
SQRT(c)	取给定参数的平方根值
RAND()	产生 0 到 1 之间的一个随机数

③ 复制公式：将含有公式或函数的单元格复制到工作表中另一位置，单元格中的相对地址会随之发生改变，但若使用绝对地址表示则不会发生改变。也可以使用鼠标拖曳的方法来快速复制公式。

（2）单元格的条件格式设置。

① 选中要进行条件格式设置的单元格。

② 单击“开始”选项卡的“样式”组中的“条件格式”按钮，在弹出的下拉菜单中选取某种条件格式。

（3）数据的排序、筛选和汇总操作。

● 数据的排序。

① 选择工作表中需要排序的单元格区域。

② 打开"数据"选项卡，在"排序和筛选"组中单击"排序"按钮。

③ 打开"排序"对话框，对排序选项进行设置，设置完成后，单击"确定"按钮即可完成对数据表的排序。

● 数据的筛选。

① 选定要筛选的数据表中的任意一个或多个单元格（包括表的列标题）。

② 单击"数据"选项卡的"排序和筛选"组中的"筛选"按钮，此时在每个列标题的右侧出现一个倒三角按钮，单击该按钮可以对筛选项目进行设置。

● 数据的汇总。

① 对要分类汇总的表格按照分类关键字段进行排序。

② 选中表中任一单元格，单击"数据"选项卡"分级显示"组中的"分类汇总"按钮，弹出"分类汇总"对话框，在此对话框中对分类字段与汇总项进行设置，然后完成分类汇总。

【例 5.2】 练习公式和函数的使用。使用例 5.1 的文档"例 5.1.xlsx"进行操作。

① 计算总分。将光标置于单元格 H3，单击"公式"选项卡的"Σ"命令，选择"E3:G3"，按回车键。将鼠标指向填充柄，双击填充柄，将会填充其他学生的总分。

② 计算平均分。将光标置于单元格 I3，输入公式"=H3/3"，按回车键。打开"设置单元格格式"对话框，选择"数值"，保留小数位 2 位。选中 I2，鼠标指向填充柄，双击填充柄，将填充其他学生的平均分。

③ 划分奖学金等级。在 J3 中输入公式"=IF(I3>=90,"一等",IF(I3>=80,"二等",""))"，使用如上同样操作，复制 J3 公式，完成其他同学的奖学金等级划分。

④ 选择"平均分"列所在数据，单击"开始"选项卡的"样式"组中完成条件显示，选择"突出显示单元格规则"的"大于"，在对话框填写"80"，填充"浅红色填充"，如图 5.9 所示。

	A	B	C	D	E	F	G	H	I	J
1	成绩表									
2	学号	姓名	学院	入学日期	高数	计算机	英语	总分	平均分	奖学金
3	101	学 生 A	会计	2021-09-12	70	90	80	240	80.00	二等
4	102	学 生 B	会计	2021-09-12	90	80	70	240	80.00	二等
5	202	学 生 C	工商	2021-09-13	90	88	98	276	92.00	一等
6	103	学 生 D	会计	2021-09-13	85	90	80	255	85.00	二等
7	201	学 生 E	工商	2021-09-13	89	88	90	267	89.00	二等
8	203	学 生 F	工商	2021-09-13	80	70	79	229	76.33	

图 5.9　操作示例图

⑤ 将"学号"和"姓名"列数据复制到 Sheet2 中，从 A1 位置粘贴，右侧增加一列，标题为"学期末成绩"，标题格式同"学号"和"姓名"列。

⑥ 要跨表引用单元格，将光标置于 Sheet2 的 C2 单元格，输入"=Sheet1! H3*0.5"，按回车键，完成计算，双击填充句柄，完成其他同学的学期末成绩的计算，并设置数据格式为保留小数位 0 位，最后调整该列单元格边框样式，其数值字号为"11 号"，"居中"，如

图 5.10 所示。

	A	B	C
1	学号	姓名	学期末成绩
2	101	学 生 A	120
3	102	学 生 B	120
4	202	学 生 C	138
5	103	学 生 D	128
6	201	学 生 E	134
7	203	学 生 F	115

图 5.10 Sheet2 示例图

⑦ 保存工作簿。

注意：

① 所有的公式或函数中所用到的符号，都是英文符号，如果输入的是中文符号系统将无法识别。

② IF 函数的格式：=IF(条件判断表达式,条件判真时值,条件判假时值)。该格式中"条件判断表达式"指的是任何可以判断为真(True)或假(False)的表达式。"条件判真时值"指的是当"条件判断表达式"的结果为真时所返回的值,如果忽略,则返回 True。"条件判假时值"指的是当"条件判断表达式"结果为假时所返回的值,如果忽略,则返回 False。

IF 函数允许嵌套,最多可嵌套 7 层。可以在"条件判真时值"或"条件判假时值"处输入嵌套的 IF 函数。

【例 5.3】 Excel 工作簿中有两个表,分别是"商品表"和"销售表",如图 5.11 所示。根据"商品表"中的数据,使用 LOOKUP 或 VLOOKUP 函数,在"销售表"中自动填写商品名称与单价。

	A	B	C
1	商品编号	名称	单价（元）
2	A1	毛巾	12
3	A2	铅笔	2
4	A3	作业本	4
5	A4	签字笔	3
6	A5	手电筒	5

(a) 商品表

	A	B	C	D
1	商品编号	名称	单价（元）	数量
2	A1			2
3	A2			4
4	A4			3
5	A1			5
6	A3			5
7	A2			2
8	A5			1

(b) 销售表

图 5.11 商品表与销售表

具体操作步骤如下。

① 在"销售表"的 B2 单元格中输入以下公式：

```
= LOOKUP(A2,商品表!A$2:B$6,商品表!B$2:B$6)
```

② 在"销售表"的 C2 单元格中输入以下公式：

```
= LOOKUP(A2,商品表!A$2:B$6,商品表!C$2:C$6)
```

③ 选中 B2 和 C2 后拖曳或双击填充柄,自动填充 B3:C8 数据。

6. 数据的图表化

(1) 图表创建。

图表的创建方法如下。

创建图表的快速方法是先选中需要创建图表的数据区域,包括表格列名,在"插入"选项卡中选择"图表"组的某个图表类型即可插入图表。

编辑图表的方法如下。

① 修改图表数据:直接修改表格中的数据,对应的图表会随之发生改变。

② 添加或修改图表标题:选中图表,打开"图表工具"的"设计"选项卡,单击"图表布局"组中的"添加图表元素"按钮。在下拉列表中选择"图表标题",并在打开的下一级下拉列表中选择"图表上方"命令。此时,会在图表的上方添加一个文本框,即为该图表的标题,其中,默认显示"图表标题"字样;左键双击图表标题即可对图表进行修改。

● 设置图表样式。

① 在图表的背景区单击,打开"图表工具"的"格式"选项卡,单击"形状样式"组中的"其他"按钮,在下拉列表中选择一款形状样式,即可应用到该背景区。

② 在图表的绘图区单击,在"形状样式"组的样式列表中选择一款样式,即可应用到该绘图区。

③ 选中图表,打开"图表工具"的"设计"选项卡,在图表样式列表中选择某个样式选项,即可将 Excel 的内置图表样式应用到选择的图表中。

④ 为图表添加数据标签:单击"系列",在弹出的快捷菜单中选择"添加数据标签"→"添加数据标签"命令。

(2) 数据透视表创建。

数据透视表的主要作用在于提高 Excel 报告的生成效率,它也几乎涵盖了 Excel 中大部分的用途,无论是图表、排序、筛选、计算、函数等。同时,它还提供了切片器、日程表等交互工具,可以实现人机交互功能。数据透视表的创建步骤如下。

① 在"插入"选项卡中,单击"表格"组的"数据透视表",直接选择数据透视表。此时会弹出"创建数据透视表"选项卡,选择要分析数据的区域。单击"确定"按钮,即可创建一个空的数据透视表。

② 分别将"数据透视表字段列表"中的所需字段拖曳到"数值"框中。选择"数值"框中的某个字段名称,单击右边的三角形按钮,选择"值字段设置"。在弹出的"值字段设置"选项卡中将"计算类型"设置为需要的内容。单击"确定"按钮完成操作。

(3) 数据透视图创建。

数据透视图通过对数据透视表中的汇总数据添加可视化效果来对其进行补充,以便用户轻松查看比较、模式和趋势。其创建过程与图表及数据透视表设置相同。

7. 页面设置与打印

(1) 设置纸张大小与页边距:与 Word 中的相关设置方法相似,在此不再介绍。

(2) 设置页眉与页脚。

① 单击"页面布局"选项卡的"页面设置"组中的对话框启动器按钮,弹出"页面设置"对话框。

② 在"页面设置"对话框中,单击"页眉/页脚"选项卡,然后进行页眉与页脚的相关设置。

（3）设置打印标题。

如果表格很长或很宽时,直接需要打印,则第二页及之后页面上没有标题,因此表述不清晰,"打印标题"这一操作,使得表格在显示时不会在每页有重复标题显示,但打印出的每页均有标题显示。

① 启动"页面设置"对话框,单击"工作表"选项卡。

② 在"打印标题"框中设置要打印标题的行或列的地址,一般为绝对地址。

【例 5.4】 练习数据的操作及图表表示。利用经过例 5.2 的系列操作后的"例 5.1.xlsx"进行如下操作。

排序操作。

在 Sheet2 中,依据"学期末成绩"从高至低,对表中所有数据整体排序。按下 Ctrl＋A 组合键,选中所有数据,单击"数据"选项卡的"排序和筛选组"中的"排序"命令,打开"排序"对话框,为"主要关键字"选择"学期末成绩","排序依据"选择"数值","次序"选择"降序"。排序后如图 5.12 所示。

	A	B	C
1	学号	姓名	学期末成绩
2	202	学 生 C	138
3	201	学 生 E	134
4	103	学 生 D	128
5	101	学 生 A	120
6	102	学 生 B	120
7	203	学 生 F	115

图 5.12 依据"学期末成绩"
降序排序结果

打开 Sheet1,在对应列标题下设置筛选条件,如图 5.13 所示。

高级筛选操作。

	A	B	C	D	E	F	G	H	I	J
1	成绩表									
2	学号	姓名	学院	入学日期	高数	计算机	英语	总分	平均分	奖学金
3	101	学 生 A	会计	2021-09-12	70	90	80	240	80.00	二等
4	102	学 生 B	会计	2021-09-12	90	80	70	240	80.00	二等
5	202	学 生 C	工商	2021-09-13	90	88	98	276	92.00	一等
6	103	学 生 D	会计	2021-09-12	85	90	80	255	85.00	一等
7	201	学 生 E	工商	2021-09-13	89	88	90	267	89.00	一等
8	203	学 生 F	工商	2021-09-13	80	70	79	229	76.33	二等
9										
10			学院		高数	计算机				
11			工商		>80	>80				

	A	B	C	D	E	F	G	H	I	J
1	成绩表									
2	学号	姓名	学院	入学日期	高数	计算机	英语	总分	平均分	奖学金
3	101	学 生 A	会计	2021-09-12	70	90	80	240	80.00	二等
4	102	学 生 B	会计	2021-09-12	90	80	70	240	80.00	二等
5	202	学 生 C	工商	2021-09-13	90	88	98	276	92.00	一等
6	103	学 生 D	会计	2021-09-12	85	90	80	255	85.00	一等
7	201	学 生 E	工商	2021-09-13	89	88	90	267	89.00	一等
8	203	学 生 F	工商	2021-09-13	80	70	79	229	76.33	二等
9										
10			学院		高数	计算机	设置筛选条件			
11			工商		>80	>80				

图 5.13 筛选条件设置示例图

单击"数据"选项卡的"排序和筛选组"中的"高级"命令,弹出如图 5.14 所示的"高级筛选"对话框,为"方式"选择"将筛选结果复制到其他位置","列表区域"选择整个"成绩表"内容,"条件区域"选择设置筛选条件的区域,"复制到"选择将筛选结果复制到的位置,单击"确定"按钮完成筛选,并将表格样式补充完整,筛选后的结果如图 5.15 所示。

图 5.14 "高级筛选"对话框

	A	B	C	D	E	F	G	H	I	J
1					成绩表					
2	学号	姓名	学院	入学日期	高数	计算机	英语	总分	平均分	奖学金
3	101	学 生 A	会计	2021-09-12	70	90	80	240	80.00	二等
4	102	学 生 B	会计	2021-09-12	90	80	70	240	80.00	二等
5	202	学 生 C	工商	2021-09-13	90	88	98	276	92.00	一等
6	103	学 生 D	会计	2021-09-12	85	90	80	255	85.00	二等
7	201	学 生 E	工商	2021-09-13	89	88	90	267	89.00	二等
8	203	学 生 F	工商	2021-09-13	80	70	79	229	76.33	二等
9										
10			学院		高数	计算机				
11			工商		>80	>80				
12	学号	姓名	学院	入学日期	高数	计算机	英语	总分	平均分	奖学金
13	202	学 生 C	工商	2021-09-13	90	88	98	276	92.00	一等
14	201	学 生 E	工商	2021-09-13	89	88	90	267	89.00	二等

图 5.15 筛选后的结果

分类汇总操作。

在 Sheet2 后新建 Sheet3。将 Sheet1 中"成绩表"复制到 Sheet3。汇总前,先对需要汇总的"学院"列进行排序。选择该"成绩表"所有数据(包括标题),单击"数据"选项卡的"分级显示"组中的"分类汇总"命令,打开"分类汇总"对话框,为"分类字段"选择"学院","汇总方式"选择"求和","选定汇总项"选择"计算机",勾选"汇总结果显示在数据下方",如图 5.16 所示。单击"确定"按钮完成分类汇总操作。

按下 Ctrl 键,同时选中"姓名"和"高数"列数据(包括标题),单击"插入"选项卡的"图表"组中的"柱形图",选择"簇状柱形图",绘制图形。

单击图标题,将其改为"高数成绩对比图";单击图形右上角的加号图标,在弹出的"图表元素"列表中勾选坐标轴、图表标题、数据标签、网格线、图例,效果如图 5.17 所示。

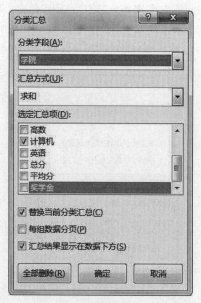

图 5.16 "分类汇总"对话框

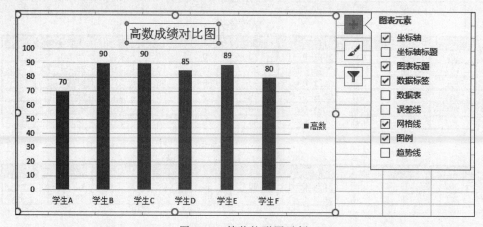

图 5.17 簇状柱形图示例

5.4 实 验 习 题

设计某公司工资表样表,完成以下操作。

新建工作表,按照如图 5.18 的样表进行设置,注意数据从 A1 单元格开始书写。

(1) 进行页面设置。

① 页面为横向。

② 页边距上、下、左、右均为 2.5cm,页眉距边界 1cm。

图 5.18　工资表样表

③ 设置文字为水平居中。

④ 设置页眉内容为"公司工资表"。

⑤ 设置打印标题为顶端标题形式,标题为如图 5.19 所示内容。

图 5.19　打印顶端标题

(2) 表格及内容设置。

① 标题设置文字加横线,"加粗",字体为"宋体",字号为"15 号"。

② "顺序号"和"月工资"文本方向设置为垂直。

③ "考勤"和"扣款"单元格设置为合并居中。

④ 表格内容的字体为"宋体",字号为"15 号",所有内容居中。

(3) 在表格中填入内容,示例如图 5.20 所示。

顺序号	姓名	部门	月工资	考勤		电话补助	津贴	福利费	应领工资	扣款		净领工资	签字
				月出勤天数	金额					医疗	养老		
1	王宇	人事部	3000	28	56	100	350	1000	4506	400	200	0	
2	张天	人事部	3000	28	56	100	320	1000	4476	400	200	0	
3	李海	工程部	3500	28	56	100	300	1000	4956	400	200	0	
4	赵峰	后勤部	2300	28	56	100	280	1000	3736	400	200	0	
5	孙乐	后勤部	2300	28	56	100	250	1000	3706	400	200	0	
6	李健	工程部	3500	28	56	100	400	1000	5056	400	200	0	
7	王轩	销售部	4000	28	60	200	390	1000	5650	400	200	0	
8	张开	销售部	4000	30	60	200	240	1000	5500	400	200	0	

图 5.20　表格内容

(4) 使用公式与函数计算"应领工资"与"净领工资"。"应领工资＝月工资＋考勤的金额＋电话补助＋津贴＋福利费","净领工资＝应领工资－sum(医疗:养老)"。

(5) 在"工资表"中,依据每位人员的净领工资进行"簇状柱形图"的图表表示,图表标题改为"公司人员工资"。图中只显示人员姓名、净领工资内容,如图 5.21 所示。

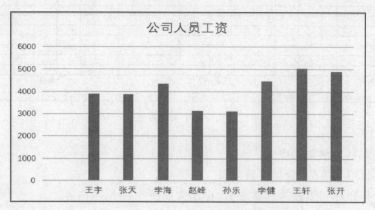

图 5.21 公司人员净领工资簇状柱形图

(6) 将"工资表"复制一份到新建工作表 Sheet2 中,命名为"部门数据透视表"。在此工作表中创建数据透视表,数据透视表字段为"部门"和"净领工资",计算类型为"平均值"。

(7) 将"工资表"复制一份到新建工作表 Sheet3 中,命名为"查询",增加"工号"列,数据如图 5.22 的"查询"表 C 列所示。

	A	B	C	D	E	F	G	H	I	J	K	L	M	N	O
1					( )月份工资结算单										
2	单位:				年			月		日				第	页
3	顺序号	姓名	工号	部门	月工资	考勤		电话补助	津贴	福利费	应领工资	扣款		净领工资	签字
4						月出勤天数	金额					医疗	养老		
5	1	王宇	100035	人事部	3000	28	56	100	350	1000	4506	400	200	3906	
6	2	张天	100032	人事部	3000	28	56	100	320	1000	4476	400	200	3876	
7	3	李海	100030	工程部	3500	28	56	100	300	1000	4956	400	200	4356	
8	4	赵峰	100028	后勤部	2300	28	56	100	280	1000	3736	400	200	3136	
9	5	孙乐	100025	后勤部	2300	28	56	100	250	1000	3706	400	200	3106	
10	6	李健	100040	工程部	3500	28	56	100	400	1000	5056	400	200	4456	
11	7	王轩	100039	销售部	4000	30	60	200	390	1000	5650	400	200	5050	
12	8	张开	100024	销售部	4000	30	60	200	240	1000	5500	400	200	4900	
13	单位负责人					工资计算							考勤		

工资表 / 部门数据透视表 / 查询

图 5.22 增加列内容

(8) 在"查询"表 Q4 单元格中输入"工号",R4 单元格中输入"净领工资","工号"列填入数据"100032"和"100030",在"净领工资"列使用 VLOOKUP 进行数据查询。

(9) 在 S4 单元中输入"入职序号",通过 MID 函数提取"工号"的第五位和第六位数据,表示入职序号,例如,"100032"的"32"代表该人员第 32 位入职,显示结果如图 5.23 所示。

Q	R	S
工号	净领工资	入职序号
100032	3876	32号
100028	3136	28号

图 5.23 使用 VLOOKUP 及 MID 函数结果

操作步骤如下。

（1）新建工作簿，单击"页面布局"选项卡，在"页面设置"组中打开"页面设置对话框"，设置页面方向、页边距（其中页边距设置中的"居中方式"勾选"水平"）、页眉及页脚。

（2）完成样表单元格的设定，对于竖排文字，单击该单元格，然后右击，在弹出命令中选择"设置单元格格式"，在该对话框中选择"对齐"，单击右侧的"方向"，完成文本的方向设置。

（3）"考勤"与"扣款"的单元格设置需同时选中两列单元格，单击"开始"选项卡的"对齐方式"组中的"合并后居中"。

（4）将光标置于"应领工资"第一列（K5），即 K5 单元格，输入"＝E5＋G5＋H5＋I5＋J5"，按 Enter 键，完成计算，将光标置于该单元格右下角，拖曳完成其他员工"应领工资"的计算。

（5）将光标置于"净领工资"位置（N5），输入"＝K5－SUM(L5∶M5)"，按下 Enter 键，完成计算，将光标置于该单元格右下角，拖曳完成其他员工"净领工资"的计算。

（6）选中"姓名"列同时按下 Ctrl 键选择"净领工资"列，单击"插入"选项卡的"图表"组中的"柱形图"，选择"簇状柱形图"，将表标题改为"公司人员工资"。

（7）将"工资表"的内容复制到一个新表中，命名为"部门数据透视表"，选中表中"部门"和"净领工资"内容，单击"插入"选项卡的"表格"组中的数据透视表，在右侧数据透视表字段列表中添加"部门"和净领工资"，将"部门"拖曳至"列标签"数值中，单击"值字段设置"，计算类型选择"平均值"。

（8）在"查询"表中 Q4 单元格输入"工号"，R4 中输入"净领工资"，"工号"列输入数据"100032"和"00028"，在 R5 单元格输入函数"＝VLOOKUP(Q5,＄C＄5∶＄N＄12,12,FALSE)"完成计算，将光标置于该单元格右下角，拖曳完成其他员工"净领工资"的计算。

（9）在 S4 中输入"入职序号"，下方单元格第一个数据处输入函数"＝MID(Q5,5,2)&"号""，将光标置于该单元格右下角，拖曳完成其他员工"入职序号"的计算。

VLOOKUP 函数用于搜索表区域首列满足条件的元素，语法为：

```
VLOOKUP(lookup_value, table_array, col_index_num, range_lookup)
```

其参数含义分别为，lookup_value 表示判断的条件，table_array 表示跟踪数据的区域，col_index_num 表示返回数据在查找区域的第几列，range_lookup 表示是否精确匹配。

MID 函数用于从一个文本字符串的指定位置开始，截取指定数目的字符。语法为：

```
MID(text,start_num,num_chars)
```

其参数含义分别为，text 表示一个文本字符串，start_num 表示指定的起始位置，num_chars 表示要截取的数目。

5.5 实验报告与要求

在实验报告 sy5.docx 中书写本次实验的实验目的及实验心得。最后需要提交的实验文档有 sy5.docx 和 5_1.xlsx。

PowerPoint 演示文稿

6.1 实 验 目 的

- 熟练掌握 PowerPoint 的使用方法。
- 掌握演示文稿的编辑与插入各种对象。
- 掌握幻灯片的放映操作。

6.2 相 关 知 识

1. 建立演示文稿模板

（1）通过联机搜索创建模板。

（2）使用幻灯片母版。

2. PowerPoint 的视图模式

（1）普通视图。

（2）大纲视图。

（3）幻灯片浏览视图。

（4）备注页视图。

（5）幻灯片放映视图。

（6）阅读视图。

3. 对幻灯片的基本操作

（1）插入和删除幻灯片。

（2）复制幻灯片。

4. 演示文稿中幻灯片的编辑

（1）设置主题。

（2）更改设计主题。

（3）设置背景。

（4）在幻灯片中输入标题。

（5）格式化文本设置。

（6）插入对象。

5. 放映演示文稿

（1）对演示文稿进行放映。

（2）设置幻灯片切换效果。

（3）设置动画效果。

（4）设置放映方式。

（5）幻灯片的放映控制。

（6）在幻灯片上勾画重点。

6.3　实　验　内　容

1. 建立演示文稿模板

（1）通过联机搜索创建模板。

① 启动 PowerPoint，或在 PowerPoint 主界面中单击"文件"标签，再单击"新建"命令，启动如图 6.1 所示的"新建"窗格。

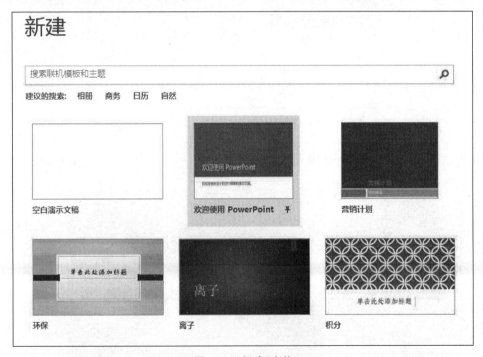

图 6.1　"新建"窗格

② 在"搜索联机模板和主题"栏中，输入"营销计划"，单击搜索按钮🔍，PowerPoint 从 Internet 上搜索关于"营销计划"主题的演示文稿模板并显示出来，如图 6.2 所示。

③ 选中某个模板，出现该演示文稿模板的预览效果，如果本地计算机没有此演示文

稿模板,则显示该演示文稿的文件大小,如图 6.3 所示。单击"创建"按钮,PowerPoint 下载该演示文稿模板到本地计算机,并以该模板创建一个演示文稿。

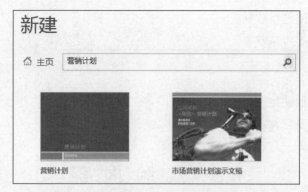

图 6.2 "营销计划"主题演示文稿

图 6.3 "市场营销计划"模板预览

④ 创建的演示文稿效果如图 6.4 所示。

图 6.4 创建的演示文稿效果

大学计算机基础(第 3 版)上机实验指导

（2）使用幻灯片母版。

在"视图"选项卡中，单击"母版视图"组中的"幻灯片母版"命令，则进入"幻灯片母版"视图。可在该视图下对作为幻灯片母版的幻灯片进行修改，形成特定的幻灯片版式，后续使用直接套用即可。

单击"视图"选项卡中的"母版视图"→"幻灯片母版"，设置需要的幻灯片内容格式，如图 6.5 所示，为不同级别标题设置不同颜色。

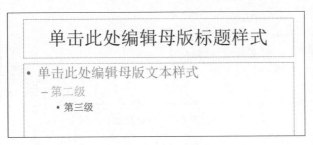

图 6.5　"幻灯片母版"样式设置

2. PowerPoint 的视图模式

（1）普通视图。

在普通视图下，可以编辑和查看幻灯片的内容、调整幻灯片的结构以及添加备注内容。

（2）大纲视图。

PowerPoint 提供了独立的大纲视图。大纲视图能够在左侧窗格中显示幻灯片内容的主要标题和大纲，便于用户更好、更快地编辑幻灯片内容。

① 在演示文稿中如果需要书写的内容较多、条理清晰，则可打开该文件，切换到大纲视图，在左侧输入不同级别的标题，再补充内容。

② 输入内容后，可以将光标置于语句前，按 Tab 键将标题降级，按 Shift＋Tab 组合键将语句升级，如图 6.6 所示，普通视图如图 6.7 所示。

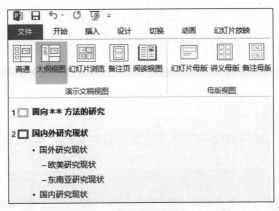

图 6.6　大纲视图下输入内容

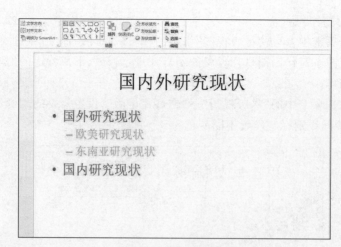

图 6.7　普通视图

（3）幻灯片浏览视图。

利用幻灯片浏览视图，可以浏览演示文稿中的幻灯片。在该视图下，能够方便地对演示文稿的整体结构进行编排，如选择幻灯片、创建新幻灯片、删除幻灯片等。但在这种模式下，不能对幻灯片的内容进行修改。

（4）备注页视图。

备注页视图主要用于为演示文稿中的幻灯片添加备注内容或对备注内容进行编辑修改。在该视图模式下，页面上方显示当前幻灯片的内容缩览图，但无法对幻灯片的内容进行编辑；下方显示备注内容占位符，单击占位符，可以在占位符中输入内容，即可为幻灯片添加备注内容。

（5）幻灯片放映视图。

幻灯片放映视图常用于对演示文稿中的幻灯片进行放映。放映时，视图将占据整个屏幕，并可设置进行自动切换或手动切换幻灯片。在该视图模式下，可以查看演示文稿中的动画、声音以及切换等内容的放映效果，但无法对幻灯片进行编辑。

（6）阅读视图。

阅读视图适用于审阅演示文稿内容。在该视图下，也将采用全屏播放的方式进行放映，但是与幻灯片放映视图不一样的是，阅读视图会在屏幕的上端显示标题栏，而在下方包含一些简单的控件以便轻松翻阅幻灯片。

3. 对幻灯片的基本操作

（1）插入和删除幻灯片。

① 打开演示文稿，选择被插入幻灯片位置的前一张幻灯片，确定要插入的位置。

② 在"开始"选项卡中，单击"幻灯片"组中的"新建幻灯片"命令，然后插入一张某个主题的空幻灯片。

③ 单击这张幻灯片，按下 Delete 键，或单击"开始"选项卡的"剪贴板"组中的"剪切"命令，即可删除该幻灯片。

注意：插入幻灯片是插入到被选中的幻灯片后面。

大学计算机基础(第 3 版)上机实验指导

（2）复制幻灯片。

① 选择要复制的幻灯片。

② 在"开始"选项卡中，单击"剪贴板"组中的"复制"命令，或按下 Ctrl+C 组合键。

③ 选择要复制到的位置的前一张幻灯片。

④ 单击"剪贴板"组中的"粘贴"命令，或按下 Ctrl+V 组合键，即可完成复制命令。

注意：粘贴幻灯片是粘贴到被选中的幻灯片后面。

4. 演示文稿中幻灯片的编辑

（1）设置主题。

例如，要求主题设置为主题库中的"博大精深"。

在"设计"选项卡中，单击"主题"组中的"博大精深"主题，则选中的幻灯片被设置为相关主题。

注意：将鼠标指向某一个主题作短暂的停留，则幻灯片会自动变成该主题的效果，同时系统会显示该主题的名称，单击该主题时完成设置。

（2）更改设计主题。

若要更改演示文稿的主题，简单的方法是单击"设计"选项卡中"主题"组的某个主题，如图 6.8 所示，或者单击该组右下角的按钮以便显示更多主题。

图 6.8　更改设计主题

（3）设置背景。

① 在"设计"选项卡中，单击"自定义"组中的"设置背景格式"按钮，出现"设置背景格式"窗格，如图 6.9 所示。

② 选中"渐变填充"选择按钮，在"预设渐变"下拉列表中选择某种渐变颜色。

③ 完成上述操作后，单击"关闭"完成设置。如果单击"全部应用"按钮则演示文稿中所有幻灯片背景均变成该背景。

（4）在幻灯片中输入标题。

① 创建一个空的演示文稿，可通过单击"快速访问工具栏"上的"新建"按钮实现。如果"快速访问工具栏"没有此按钮，单击"快速访问工具栏"右侧的小三角，在弹出的下拉菜单中选择"新建"即可。默认情况下，PowerPoint 会创建一个"标题幻灯片"版式的幻灯片，如图 6.10 所示，可以根据需要输入主、副标题。

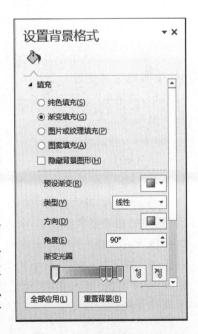

图 6.9　"设置背景格式"窗格

图 6.10 "标题幻灯片"版式

② 单击"保存"按钮,在弹出的"另存为"对话框中,指定磁盘和文件夹,为文件命名,然后单击"确定"按钮即可存盘。

③ 在"开始"选项卡中,单击"幻灯片"组中的"新建幻灯片"按钮,在出现的"Office 主题"库中选择"标题和内容"主题,则在演示文稿中新建了一个"标题和内容"主题的幻灯片,如图 6.11 所示。

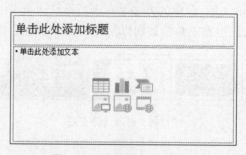

图 6.11 "标题和内容"版式

(5) 在演示文稿中格式化文本。选中需要设置的文本,在"开始"选项卡中进行字体、字号、字体颜色等设置。

提示:"字号"下拉组合框中如无相应字号,只需直接在组合框中输入相应数字后按下回车键即可。

(6) 插入对象。

● 插入图片。

① 在"插入"选项卡中,单击"插图"组中的"图片"命令。

② 在弹出的"插入图片"对话框中选择一幅要插入的图片文件,然后单击"插入"按钮,则相关的图片插入到幻灯片中。

● 插入音频。

① 在"插入"选项卡中,单击"媒体"组中的"音频"命令。

② 在弹出的"插入音频"对话框中选择要插入的音频文件,然后单击"插入"按钮,则将音频插入到幻灯片中。

(7) 插入超链接。

① 插入一个新幻灯片。在"开始"选项卡中,单击"幻灯片"组中的"新建幻灯片"插入

一个新幻灯片。

② 选择合适的主题,符合特定的文字内容。

③ 选中需要设置链接的文本,在"插入"选项卡中,单击"链接"组中的"超链接"按钮,弹出"插入超链接"对话框,在"链接到"框中选择"本文档中的位置",在"请选择文档中的位置"列表框中选择步骤② 中建立的符合内容的幻灯片,选择后在"幻灯片预览"框中显示该幻灯片的预览效果。

④ 单击"确定"按钮完成此超链接的设置。完成设置后,选定内容文本会加一条下画线,文字颜色变为蓝色,表示幻灯片运行时单击此文本会超链接到其他对象。如链接到其他位置,则在"链接到"下方位置菜单选择其他链接位置。

(8) 使用动作。

在幻灯片中为对象添加动作,可以让对象在单击或鼠标移过该对象时执行某个特定的操作,如链接到某张幻灯片、运行某个程序或播放声音等。动作包含超链接的功能,但其功能更加强大,除了能够实现幻灯片的导航外,还可以添加动作声音,常见的有鼠标移过时的操作动作。使用动作的操作步骤如下。

① 选取要创建动作的对象。

② 单击"插入"选项卡中"链接"组中的"动作"按钮,在弹出的"操作设置"对话框中对动作进行设置。

③ 修改或删除动作:与修改或删除超链接的操作方式相同,只需右击相关动作,在弹出的快捷菜单中执行"编辑超链接"或"取消超链接"命令即可。

④ 插入动作按钮:动作按钮与动作的功能是相同的,PowerPoint 内置了一些形状,用户可以使用这些形状来作为动作的图形对象。单击"插入"选项卡的"插图"组中的"形状"按钮,在弹出的下拉列表中的动作按钮组中选择一个动作按钮,如图 6.12 所示。在幻灯片中放置一个该按钮,接下来的操作方法同上。

图 6.12　动作按钮

(9) 对幻灯片中的对象进行位置和大小的调整。

① 单击对象,使其周围出现 8 个小圆圈(称为选择句柄)。

② 移动鼠标到对象边框上,当鼠标指针变成十字带箭头状时,拖动鼠标到合适的位置上,然后放开鼠标,即完成了移动的操作。

③ 将鼠标移动到选中的对象句柄上,鼠标变为两端带粗箭头的形状,这时拖动鼠标就可调整对象的大小。

5. 放映演示文稿

(1) 对演示文稿进行放映。

① 打开演示文稿。

② 在"幻灯片放映"选项卡中,单击"开始放映幻灯片"组中"从头开始"按钮,或按 F5

键,或将视图切换到"幻灯片放映"视图。

单击幻灯片画面,或按下 Page Down 键,则屏幕上出现下一张幻灯片,按幻灯片的顺序依次放映。

(2)设置幻灯片切换效果。

① 选中第2张幻灯片作为当前幻灯片。

② 在"动画"选项卡中,在"切换到此幻灯片"组中选择某一种切换效果,如图 6.13 所示。

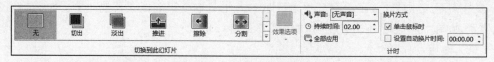

图 6.13 幻灯片切换效果

③ 将鼠标指针置于某一切换效果上时,系统会对该切换效果进行预览,单击某切换效果,此切换效果将应用于当前幻灯片;单击"全部应用"按钮,则将切换效果应用于所有幻灯片。

(3)设置动画效果。

① 选择第2张幻灯片为当前幻灯片。

② 选中幻灯片中某个对象,在"动画"选项卡中,单击"高级动画"组中的"添加动画"按钮,出现"添加动画"下拉列表,如图 6.14 所示,选择某个动画效果。

图 6.14 添加动画效果

③ 再次选择本对象或其他对象，添加下一个动画效果。

（4）设置放映方式。

① 设置放映类型。单击"幻灯片放映"选项卡的"设置"组中的"设置幻灯片放映"按钮，弹出"设置放映方式"对话框，在该对话框中设置幻灯片放映方式。

图 6.15　"录制"工具栏

② 使用排练计时放映。单击"幻灯片放映"选项卡中"设置"组的"排练计时"按钮，此时幻灯片进行播放，播放时在屏幕左上角会出现一个"录制"工具栏，其中显示当前幻灯片放映时间和总放映时间，如图 6.15 所示。按照放映的实际需要来放映幻灯片，逐个完成每张幻灯片排练计时后，退出幻灯片放映状态。用户根据提示可保存排练计时，下次再次播放演示文稿时将按排练计时自动播放。

③ 创建放映方案。在"幻灯片放映"选项卡的"开始放映幻灯片"组中单击"自定义幻灯片放映"按钮，在下拉列表中选择"自定义放映"选项，打开"自定义放映"对话框，在该对话框中对放映方案进行设置。

（5）幻灯片的放映控制。

① 放映演示文稿。按 F5 键从设置的幻灯片（默认第 1 张）开始放映；按 Shift＋F5 键从当前幻灯片开始放映；单击状态栏中幻灯片放映视图按钮 ▦ ，从当前幻灯片开始放映。

② 放映时切换幻灯片。在幻灯片放映时，单击鼠标左键，按 Page Down 键或向下箭头键可切换到下一张幻灯片；按 Page Up 键或向上箭头键可切换到上一张幻灯片；右击幻灯片，在弹出的快捷菜单中选择相关命令进行上下幻灯片的切换；放映时将鼠标移动到幻灯片左下角，出现一排颜色较暗的按钮，单击按钮 ◁ 和 ▷ 可进行前后幻灯片的切换。

（6）在幻灯片上勾画重点。

在幻灯片放映时，右击幻灯片，在弹出的快捷菜单中选择菜单"指针选项"，然后选择一个鼠标指针，如图 6.16 所示。或者将鼠标移到幻灯片左下角，单击鼠标指针选择按钮，在弹出的菜单中选择一个鼠标指针，如图 6.17 所示。选择完鼠标指针按钮后，就可以在幻灯片中进行墨迹勾画。

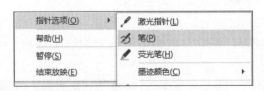

图 6.16　右键快捷菜单

图 6.17　鼠标指针按钮快捷菜单

6. 打包演示文稿

打包后演示文稿所链接的所有文件放在一个文件夹里,不会因为文件路径的变化而发生播放错误,即使在没有安装 PowerPoint 的计算机里也可以播放该演示文稿。打包演示文稿的步骤如下。

(1) 打开要打包的演示文稿文件,单击"文件"标签,在列表中选择"导出"命令。在下级菜单中选择"将演示文稿打包成 CD"命令,在右侧窗格中单击"打包成 CD"按钮,此时打开"打包成 CD"对话框,如图 6.18 所示。

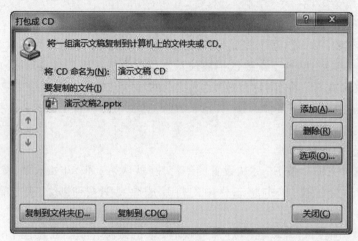

图 6.18 "打包成 CD"对话框

(2) 在"打包成 CD"对话框中,选择要打包的演示文稿。此时可单击对话框中的"选项"按钮,在打开的"选项"对话框中勾选"嵌入的 TrueType 字体"复选框,以避免该幻灯片字体无法在其他计算机上演示的问题。

(3) 单击"打包成 CD"对话框中的"复制到文件夹"按钮,在弹出对话框中选择文件保存的目标位置,并单击"确定"按钮关闭对话框。

(4) 此时,PowerPoint 开始打包文件。打包完成后,单击"关闭"按钮关闭"打包成 CD"对话框,此时可以在目标位置看到一个新的文件夹,其中包含的文件有演示文稿文件、相关的动态链接库文件(扩展名为 DLL 的文件)、PowerPoint 演示文稿播放程序文件(文件名为 pptview.exe)、帮助文件、播放批处理文件(文件名为 play.bat)。播放打包好的演示文稿时,可直接双击播放批处理文件 play. bat 来播放演示文稿。

7. 综合例题,制作"诵读"主题的演示文稿

(1) 创建封面。

① 建立空白幻灯片,添加三张封面图片(本章中的素材资源可到网站"jsjxxw.cn/collegecourse"中下载),放置在适当位置。

② 为"封面图片 1"设置图片动画,单击"动画"选项卡的"动画"组,在右侧下拉菜单,选择"更多进入效果"中效果为"擦除"。在"动画"组中选择"效果选项"命令中的方向为"自左侧"。打开"动画"选项卡的"高级动画"组中的"动画窗格",单击该图片,在下拉菜单

中选择"计时",其设置如图 6.19 所示。

③ 为"封面图片 2"设置图片动画进入效果为"淡出","淡出"中"计时"设置如图 6.20 所示,其中,延迟设置为 0.25 秒。

图 6.19　设置"擦除"效果对话框

图 6.20　设置"淡出"效果对话框

④ 为"封面图片 3"设置进入效果为"切入",方向为"自右侧","退出"效果为"缩放",如图 6.21 所示。

⑤ 插入垂直文本框,输入"诗经节选",字体设置为"宋体",字号为"60",将该文本框放置在图片 3 的之前。进入的动画效果为"浮入"。动画窗格如图 6.22 所示。

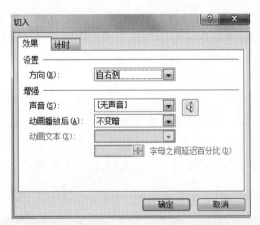

图 6.21　设置动画"切入"效果对话框

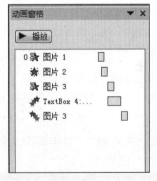

图 6.22　设置"动画窗格"显示

首页效果如图 6.23 所示。

(2) 创建目录页。

① 新建空白页,单击"开始"选项卡的"幻灯片"组,"新建幻灯片"中选择"空白"。插入"封面图片 1.jpg",位置调整到左上角,插入"第二页图片.jpg"。

② 插入文本框,内容为"献礼",字体设置为"宋体""加粗",字号为"80"。

③ 在"第二页图片"上插入垂直文本框,并输入内容"献礼教师节",字体设置为"宋体""加粗",字号为"36",设置"文字阴影",字体颜色为"白色"。

图 6.23　首页效果图

④ 插入三个文本框,内容分别输入《诗经 国风 卫风—木瓜》《诗经 国风 邶风—凯风》《诗经 国风 卫风—淇奥》,文字设置为"楷体",字号为"24"。

⑤ 为"献礼"文本框设置进入的动画效果"浮入",同样,设置其他三个标题的文本框进入效果为"浮入","效果选项"的方向均为"上浮"。

⑥ 按下 Ctrl 键,同时选择第二页的图片和"献礼教师节"的文本框,右击选择"组合"。设置该组合内容的进入动画效果为"浮入",方向为"上浮"。

调整第二页内容的动画效果顺序,第一项为"封面图片 1",单击"动画窗格"该项的下拉菜单,选择"从上一项开始"。"献礼"文本框在动画窗格排序第二,设置为"从上一项之后开始","献礼教师节"文本框在动画窗格排序第三,设置为"从上一项之后开始",其他三个标题文本框依次排序,第一个标题文本框设置为"从上一项之后开始",其余两个设置为"从上一项开始"。效果如图 6.24 所示。

(3) 设置正文页。

① 单击"开始"选项卡的"幻灯片"组,在"新建幻灯片"中选择"空白"。

② 在页面左上角插入"封面图片 1",在右上角插入花瓣的"动图"。

③ 单击"插入"选项卡的"文本"组,选择"文本框"的"竖排文本框",在文本框中输入第一首诗经内容,字体设置为"楷体",字号为"32",该文本框动画设置为"淡出","淡出"对话框中"计时"的"期间"选择"非常慢(5 秒)"。

④ 插入"第三页图片",设置动画"劈裂",效果选项"中央向左右展开","劈裂"对话框中"计时"的"延迟"选择"0.25 秒","期间"选择"非常慢(5 秒)"。

⑤ 插入"卷轴","动作路径"选择"直线",两个卷轴的动画对话框的"计时"选项的"期间"选择"4.5 秒",如图 6.25 所示。

图 6.24　第二页效果图

注意卷轴放置在图片中心，路径线路起始位置从卷轴中心开始。

⑥ 加入本页幻灯片放映时的背景音乐，选择"插入"选项卡的"媒体"组的音频，插入背景音乐，可以根据需求通过"音频工具"的"播放"选项，在"编辑"组中对音频进行编辑。单击音频，打开音频工具的"音频选项"勾选"放映时隐藏"。

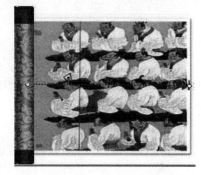

图 6.25　卷轴效果图

⑦ 在动画窗格中对各个对象的动画播放进行调整，"第三页图片"的动画播放设置为"与上一动画同时"，卷轴的动画设置为"与上一动画同时"，并将两个卷轴动画顺序设置在"第三页图片"动画之后，音频、文本框、花瓣动图的动画均设置为"与上一动画同时"。

⑧ 其他内容页的对象设置同第三页，最后一页的设置同封面，文本内容为"再会"，字体为"楷体"，字号为"66"、"加粗"。

⑨ 让该文稿在约 3 分钟自动播放完毕。利用幻灯片切换、动画效果或排练计时达到约 3 分钟自动播放完毕。

6.4　实 验 习 题

制作一个名为"我的大学生活"的演示文稿，要求如下。

（1）第 1 张封面。主标题"我的大学生活"，主标题字体为"华文新魏"，字号为"44"，副标题"××学院×××",字体与字号分别为"华文楷体"与"32",如图 6.26(a)所示。

（2）第 2 张目录。内容为"我的校园""我的学习生活""我的日常生活",字体与字号分别为"华文楷体"与"40",如图 6.26(b)～图 6.26(e)所示。

(a) 第1张封面

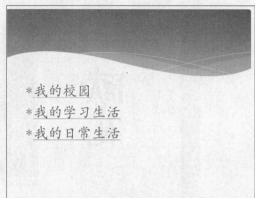

(b) 第2张目录

(c) 我的校园

(d) 我的学习生活

(e) 我的日常生活

图 6.26 "我的大学生活"示例

（3）为第 2 张的每一条内容设置超链接。链接到对应的内容页,每个内容的结束页设置返回目录的链接,或者是单击图片,或者是动作按钮,但都要和内容契合。

（4）对每张幻灯片中的对象进行格式化。可以添加动画效果,做到美观、清晰,位置、大小、颜色、字形、字体、字号要统一。

（5）为整个文档设置背景、幻灯片间的切换效果。目录中的文字如果设置为超链接,则会出现横线,可以通过插入文本框,将文字放置在文本框中,单击文本框设置超链接,则既设置了超链接,又不显示标识横线,如图 6.26 所示。将内容保存为 6_1.pptx。

操作步骤如下。

（1）新建演示文稿,在添加标题中输入"我的大学生活",副标题输入"计算机学院王一",主标题字体为"华文新魏",字号为"44",副标题"××学院×××",字体与字号分别为"华文楷体"与"32"。

（2）单击"开始"选项卡的"幻灯片"组,选择"新建幻灯片"。在新建页添加目录,书写"我的校园""我的学习生活""我的日常生活",字体与字号分别为"华文楷体"与"40"。

（3）单击"开始"选项卡的"幻灯片"组中的"新建幻灯片"命令,在新建页插入图片,单击其中某个图片,设置超链接,返回目录页。

（4）根据内容,添加新页,在每个小节内容最后一页设置返回目录的链接。

（5）为每页的对象添加动画效果。

（6）选择合适的主题,单击"设计"选项卡的"主题"组,选择主题。

6.5 实验报告与要求

（1）按要求完成实验习题,将演示文稿保存为 6_1.pptx。

（2）完成实验报告,在实验报告中书写本次实验目的及实验心得,保存为 sy6.docx。

（3）需要提交的实验文档有 sy6.docx 和 6_1.pptx。

实验 七　Python 程序设计基础

7.1　实　验　目　的

- 掌握 Python 环境的搭建。
- 掌握 Python 的基本数据类型和语法。
- 能够用 Python 语言编写简单的程序。

7.2　相　关　知　识

1. Python 环境搭建

进入 Python 的官方网站下载页面(http://www.python.org/download/),选择适合的版本并安装,安装过程中不更换路径(即按默认路径安装),如 C:\Pythonxx\,其中"xx"是版本号,比如"27",其他均可默认,直到安装完成。

测试是否安装成功:在"开始"菜单中选择"所有程序"→ Pythonxx → Python command line 进入 Python 命令行方式,然后输入 print "hello world",如果输出"hello world",就表明安装成功了,如图 7.1 所示。

```
C:\Python27\python.exe
Python 2.7.12 (v2.7.12:d33e0cf91556, Jun 27 2016, 15:19:22) [MSC v.1500 32 bit (
Intel)] on win32
Type "help", "copyright", "credits" or "license" for more information.
>>> print "hello world"
hello world
>>>
```

图 7.1　测试 Python 是否安装成功

如果希望在 Windows 的命令行模式下输入 python 命令就可以启动 Python,需要更改环境变量。右击"我的电脑",选择"属性"命令,在弹出的窗口中单击"高级系统设置",在弹出的对话框中单击"环境变量"按钮,在"系统变量"列表框中单击"Path"变量,单击"编辑"按钮,把"C:\Pythonxx\"(也就是 Python 的安装路径)加到变量值的末尾,然后单击"确定"按钮,如图 7.2 所示。

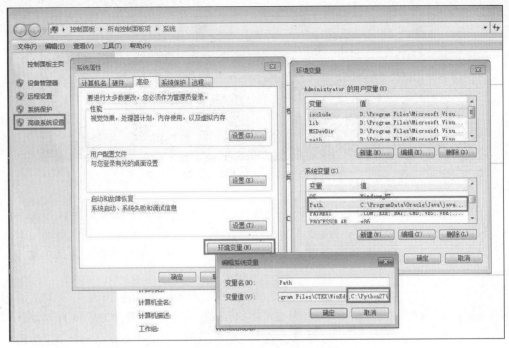

图 7.2　修改系统环境变量

2. Python 运行方式

有以下几种方式可以启动 Python。

方式一:在命令行窗口中输入 python 命令,即可以启动 Python,如图 7.3 所示。

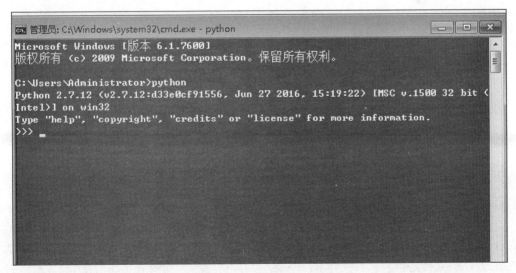

图 7.3　命令行方式运行 Python(一)

方式二：在"开始"菜单中选择"所有程序"→Pythonxx→Python command line，也可以进入命令行方式，如图7.4所示。

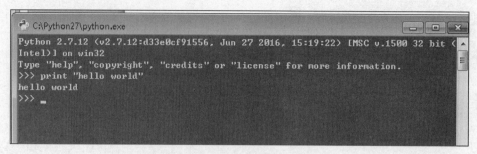

图7.4　命令行方式运行 Python(二)

在命令行交互模式下可以输入多个 Python 命令，每个命令在按回车键后都立即运行。只要不重新开启新的命令行，输入的命令都在同一个会话中运行。因此，前面定义的变量，后面的语句都可以使用。一旦关闭命令行，会话中的所有变量和输入的语句将不复存在。

方式三：利用 IDE(Integrated Development Environment，集成开发环境)运行 Python。Python 自带了一款 IDE，名为 IDLE。Python 安装好之后，IDLE 就自动安装好了，不需要再次安装。在"开始"菜单中选择"所有程序"→Pythonxx→IDLE，就启动 IDLE 了，如图7.5所示。

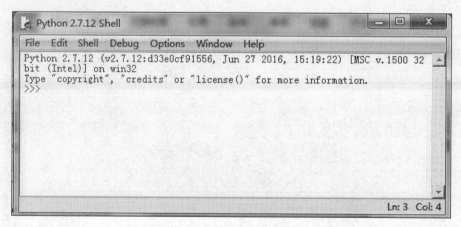

图7.5　启动 IDLE 环境

方式四：将 Python 代码保存为文件。为了能够永久保存程序，并且能够被重复执行，必须将代码保存在文件中。因此，就需要用编辑器来进行代码的编写。

在 IDLE 环境中选择窗口上方菜单栏的 File→New File 命令，打开文本编辑器窗口，在此可以输入 Python 程序，如输入"print "hello world!""，保存为 test.py(其中.py 是 Python 代码文件的扩展名)，选择 Run→Run Module 命令，或者直接按快捷键 F5 可运行该程序，如图7.6所示。

以后想再次编辑或者运行刚才的代码，只要在 IDLE 里选择 File→Open 命令，打开

大学计算机基础(第3版)上机实验指导

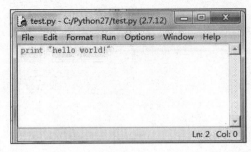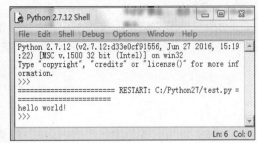

图 7.6 在 IDLE 环境下运行 Python

刚才保存的.py 文件即可。在命令行模式下，切换到 test.py 保存的路径，输入 python test.py 也可以运行该文件。

还有一些第三方的文本编辑器可以使用，比如 Sublime Text 和 Notepad＋＋，可以编辑和运行 Python 程序，有兴趣的读者可以查阅相关资料。

3. Python 编程基础

（1）对象、值和类型。

对象是 Python 对数据的抽象。Python 程序中的所有数据都由对象或对象之间的关系表示。

每个对象由 ID、类型以及值组成。对象一旦创建，它的 ID 永远不会改变；你可以认为它是该对象在内存中的地址。is 操作符用于比较两个对象的 ID；id（）函数用于返回一个表示对象 ID 的整数。

对象的类型决定对象支持的操作（例如，它是否具有长度），定义该类型的对象可能具有的值。type（）函数用于返回对象的类型。

Python 有 5 种基本对象类型，分别是整数（integer）、浮点数（float）、布尔数（boolean）、字符串（string）和复数（complex）。

（2）运算符与表达式。

数据参与运算时就要用到运算符，运算符加上操作数就组成了表达式。Python 中的运算符主要包括算术运算符、关系运算符与逻辑运算符。

算术运算符中的"＋"如果是用于两个字符串，则表示两个字符串连接成一个新的字符串。

4. Python 语言控制结构

Python 语句在写法上采用独特的缩进格式，建议用 4 个空格或一个 Tab 键来达到缩进的效果，同一语句块中的语句具有相同的缩进字符，如果不满足缩进要求，将会产生语法错误，这是 Python 语句不同于其他大部分计算机语言的一个特点。Python 默认将回车符作为语句的结束标志，可以使用"\"将一个语句分为多行显示，同一行如果有多条语句，用分号间隔。

Python 中的注释有单行注释和多行注释，其中单行注释以＃开头，多行注释用三个单引号（'''）或者三个双引号（"""）将注释括起来。

（1）赋值语句。

Python 中的变量不需要声明，变量的赋值操作既是变量声明也是变量定义的过程。变量在使用前必须先赋值，变量赋值后才会被创建。变量赋值的基本格式为：

```
变量名=表达式
```

（2）输入输出语句。

Python 的输入输出语句可用 input()函数与 print()函数实现，这两个语句是最简单的输入输出语句。

① print()函数。print()函数使用灵活、简单，有两种格式输出。

格式一：常用输出格式。

```
print(data1,data2,…)
```

data1,data2,…可以为常量、变量、表达式等对象。

格式二：使用格式控制符。

如果要在输出时对格式进行控制，则需要使用格式控制符％来实现，其使用格式如下：

```
print("格式字符串"％(data1,data2,…))
```

格式说明：％左边部分的格式字符串包含普通字串和以％开头的格式控制字符序列，如％d 表示输出十进制整数。％右边的输出对象如果有 2 个以上需要用小括号括起来，中间用逗号隔开。在此格式中，普通字符原样输出，遇到％开始的格式字符用输出表列中的数据替换。

② input()函数。input()函数的基本输入格式如下：

```
变量名=input("提示性字符串")
```

使用 input()函数输入得到的值类型为字符串，如果要输入其他类型，可以通过相关强制转换函数来实现。

（3）选择结构。

选择结构常用 if 语句来实现，if 语句的结构有多种，以下是 if 语句的两种结构形式。

① 块状结果的 if 语句的格式如下：

```
if(条件 P):
    语句块 A
else:
    语句块 B
```

语句块中可含有多条语句，也可以含有 if 语句或其他结构的语句。

② 多条件 if 语句。

当程序中有多个条件时，可以使用多条件 if 语句，多条件 if 语句的格式如下：

```
if(条件 1):
    语句块 1
elif(条件 2):
    语句块 2
……
elif(条件 i):
    语句块 i
else:
    语句块 n
```

多条件 if 语句的执行顺序是:如果满足条件 1,则执行语句块 1,然后执行 if 结构后面的语句;否则判断条件 i,如果满足条件 i 则执行语句块 i 后执行 if 结构后的语句;如果所有条件均不满足,则执行 else 后面的语句。

(4)循环结构。

当在程序执行中需要多次反复执行重复动作时,可以使用循环语句来完成相应的工作。Python 中提供了两种语句实现循环结构。

① while 语句。while 语句的基本格式如下。

```
while <条件表达式>:
    循环体语句块
```

即当条件成立时执行循环体语句块。while 语句循环结构执行的顺序是:如果条件是真,则执行完循环体语句块,再判断条件,如此循环,直到当条件为假时退出循环。

② for 语句。for 语句的基本格式如下。

```
for 控制变量 in 可遍历的表达式:
    循环体语句块
```

for 语句为循环说明语句,关键词 in 是 for 语句的组成部分,每执行一次循环,都会将"控制变量"设置为"可遍历的表达式"的当前元素,然后在循环体开始执行,执行完循环体语句块后,将"可遍历的表达式"的下一个值赋给"可控制变量",再执行循环体,如此依次循环。当"可遍历的表达式"中的元素遍历一遍后,即没有元素可供遍历时,退出循环。

5. Python 函数

(1)自定义函数。

函数是一个命名的程序代码块,是完成某些操作的功能单位。本章前面用到的所有函数均是 Python 系统定义的函数,这些是 Python 的内置函数,其定义部分对用户来说是透明的。用户只需关注函数的功能与使用方法,而不必关注函数是如何定义的。

函数的主要组成有函数名、函数类型、函数参数、函数体语句块和返回值等。

自定义函数语法格式如下:

```
def 函数名(参数列表):
    函数体语句块
```

（2）函数调用。

函数的调用就是执行该函数体语句块，并得到返回值的过程。函数调用的一般形式如下：

函数名(实际参数列表)

在调用函数时，实际参数的个数与类型，需要与函数定义时的形式参数的个数与类型对应。

7.3　实验内容

【例 7.1】　输入三角形的 3 条边长，计算三角形的面积。

源程序为：

```
import math
a,b,c = input("please input 3 sides of a triangle:")
s = (a+b+c)/2
area = math.sqrt(s * (s-a) * (s-b) * (s-c))
print "area=",area
```

运行分析：输入 3、4、5，输出 area＝6.0。

```
please input 3 sides of a triangle:3,4,5
area= 6.0
```

但是如果输入 3、5、1，出现下面的错误提示：

```
please input 3 sides of a triangle:3,5,1
Traceback (most recent call last):
  File "test.py", line 4, in <module>
    area = math.sqrt(s*(s-a)*(s-b)*(s-c))
ValueError: math domain error
```

程序运行出错，原因是输入的数据不满足构成三角形的充分条件：$3+1<5$，出现了对 $s*(s-a)*(s-b)*(s-c)=-11.8125$ 进行开方的计算。编写程序时，可以利用计算机的逻辑判断能力，让程序对数据进行判断后再决定是否计算。这种通过条件的判断来控制程序执行的情况，称为程序的控制结构，包括选择结构和循环结构。

【例 7.2】　输入三角形的 3 条边长，如果能构成三角形则计算三角形的面积，否则输出"不能构成三角形"。

源程序为：

```
import math
a,b,c = input("please input 3 sides of a triangle:")
if(a+b>c and a+c>b and b+c>a):
    s = (a+b+c)/2
```

```
    area = math.sqrt(s * (s-a) * (s-b) * (s-c))
    print "area=",area
else:
    print "It can't make up a triangle"
```

运行分析：

```
C:\Python27>python root.py
please input 3 sides of a triangle:3,4,5
area= 6.0
```

从上例可以看出，选择结构程序设计是根据条件进行选择的，条件的计算结果将决定程序下一步的执行顺序。在该例中，程序每执行一次，只能计算一个三角形的面积。如果想循环计算 3 组三角形的面积，怎么改动程序呢？

【例 7.3】 输入 3 组三角形的 3 条边长，对每组数据进行判断，如果能构成三角形，则计算三角形的面积；否则输出"不能构成三角形"。

源程序为：

```
import math
for i in range(1,4,1):
    a,b,c = input("please input 3 sides of a triangle:")
    if(a+b>c and a+c>b and b+c>a):
        s = (a+b+c)/2.0
        area = math.sqrt(s * (s-a) * (s-b) * (s-c))
        print "area=%5.2f"%area
    else:
        print "It can't make up a triangle"
    print "----------------------------------------"
```

运行结果：

```
C:\Python27>python root.py
please input 3 sides of a triangle:3,4,5
area= 6.00
----------------------------------------
please input 3 sides of a triangle:3,3,3
area= 3.90
----------------------------------------
please input 3 sides of a triangle:1,4,1
It can't make up a triangle
----------------------------------------
```

【例 7.4】 计算并输出 30～50 是 3 的倍数的数，用 while 语句实现。
源程序为：

```
number = 30
while number <= 50:
    if number % 3 == 0:
        print number
    number = number + 1
```

运行结果：

```
C:\Python27>python root.py
30
33
36
39
42
45
48
```

【例 7.5】 输入 n 的值，编程输出 n 的阶乘。

源程序为：

```
n = input("please input the value of n:")
f = 1
for i in range(1,n+1,1):
    f = f * i
print f
```

运行结果：

```
C:\Python27>python root.py
please input the value of n:3
6
```

【例 7.6】 编写函数计算阶乘，然后输出 1～5 的阶乘值。

```
def fact(n):
    f = 1
    for i in range(1,n+ 1,1):
        f = f * i
    return f
def main():
    for i in range(1,6,1):
        f = fact(i)
        print "%d!= %d"%(i,f)
main()
```

运行结果：

```
C:\Python27>python root.py
1!=1
2!=2
3!=6
4!=24
5!=120
```

7.4 实验习题

（1）输入数字 n，计算从 1 到 n 的和。源程序保存为 7_1.py。

（2）已知某位同学的数学、英语和计算机课程的成绩分别是 87、72 和 93 分，编写程序计算该同学 3 门课程的平均分。源程序保存为 7_2.py。

（3）小明身高 1.75m，体重 80.5kg。请根据 BMI 公式（即体重除以身高的平方）帮小明计算他的 BMI 指数，并根据 BMI 指数判断并打印出结果。源程序保存为 7_3.py。

① BMI 低于 18.5：过轻。

② BMI18.5～25：正常。

③ BMI25～28：过重。

④ BMI28～32：肥胖。

⑤ BMI 高于 32：严重肥胖。

（4）从键盘上输入 3 个数字，请按照从小到大的顺序将这三个数字输出。源程序保存为 7_4.py。

（5）打印出所有的"水仙花数"。所谓"水仙花数"是指一个三位数，其各位数字的立方和等于该数本身。例如，153 是一个"水仙花数"，因为 $153 = 1^3 + 5^3 + 3^3$。源程序保存为 7_5.py。

（6）百鸡问题：鸡翁一，值钱 5，鸡母一，值钱 3，鸡雏三，值钱 1；百钱买百鸡，问鸡翁、鸡母、鸡雏各几何？源程序保存为 7_6.py。

7.5 实验报告与要求

（1）按要求完成实验习题，以规定的文件名存盘。

（2）完成实验报告，实验报告中书写本次实验目的及实验心得，源程序复制到实验报告中，保存为 sy7.docx。

（3）需要提交的实验文档有 sy7.docx、7_1.py、7_2.py、7_3.py、7_4.py、7_5.py 和 7_6.py。

实验 八　局域网的安装与设置

8.1　实 验 目 的

- 熟悉 10Base-T 星型拓扑以太网结构。
- 熟悉网卡、RJ-45 双绞线、交换机等网络硬件设备的安装、设置。
- 掌握制作双绞线的步骤与方法。
- 熟悉 Windows 中网络组件及各网络参数的设置。

8.2　相 关 知 识

1. 星型拓扑结构

在星型拓扑结构中,有一个中心结点,其他结点均与中心结点连接,任何两点之间的连接都需要通过中心结点转发。例如,使用交换机组建局域网,中心结点设备是交换机,如图 8.1 所示。

2. 双绞线

五类及以上双绞线是由按规则螺旋结构排列的 8 根绝缘导线组成,如图 8.2 所示。一对双绞线可以作为一条通信线路,各个线对螺旋排列的目的是使各线对之间的电磁干扰最小。在 10Base-T 以太网中,双绞线中有 2 对(4 根)用来通信,另外 2 对起屏蔽干扰信号的功能。用于通信的 2 对线分别是第 1、2 根和第 3、6 根。在组建以太网中,通常选用性价比较高的非屏蔽双绞线(UTP)作为传输介质。

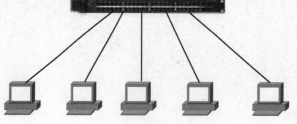

图 8.1　星型拓扑结构

图 8.2　双绞线

3. RJ-45 头

由于 RJ-45 头像水晶一样晶莹透明,所以也被俗称为水晶头,每条双绞线两头通过安装 RJ-45 水晶头来与网卡和交换机(或集线器)相连。水晶头如图 8.3 所示。

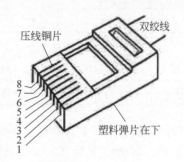

图 8.3 水晶头

4. 压线钳

双绞线的制作工具称为压线钳。它可以完成剪线、剥线和压线等工作。常用压线钳有两种规格,分别是 RJ-45 和 RJ-11 规格。RJ-45 用于网线制作,RJ-11 用于 4 芯电话线制作。现在有的厂家将这两种工具合起来做成一件工具,方便使用者。压线钳如图 8.4 所示。

5. 网络测线仪

网络测线仪用来测试制作好的双绞线,由两部分组成,即主测试仪与远程测试仪,做好的双绞线两端分别插入测试仪的两个部分,打开测试仪即可开始测试。网络测线仪如图 8.5 所示。

图 8.4 压线钳   图 8.5 网络测线仪

8.3 实 验 内 容

1. 制作网线

现在局域网上使用的双绞线通常是非屏蔽双绞线(UTP)。它是封装在绝缘外套里的 4 对绝缘导线相互扭绞而成,其中这 4 对线中每对导线也是按一定的方法扭绞在一起的。为了对这 8 根线进行区分,在每根导线的绝缘层上分别涂有不同的颜色以示区别。

双绞线做法有两种国际标准：T568A 和 T568B，线序如表 8.1 所示。

表 8.1　双绞线线序排列标准

标准	线　序							
	1	2	3	4	5	6	7	8
T568A	绿白	绿	橙白	蓝	蓝白	橙	棕白	棕
T568B	橙白	橙	绿白	蓝	蓝白	绿	棕白	棕
绕对	同一绕对		与 6 同一绕对	同一绕对		与 3 同一绕对	同一绕对	

以 T568B 标准为例，如表 8.2 中的双绞线的引脚定义，双绞线目前在计算机局域网上真正使用的是 1 号线（引脚定义为 Tx^+，用于发送数据，正极）、2 号线（引脚定义为 Tx^-，用于发送数据，负极）、3 号线（引脚定义为 Rx^+，用于接收数据，正极）和 6 号线（引脚定义为 Rx^-，用于接收数据，负极）。其中 1 与 2 为一对线，3 与 6 为一对线，4 与 5 为一对线，7 与 8 为一对线。5 类线最大的网络长度为 100m。如果要加大网络的范围，可在两段双绞线电缆间安装中继器（一般用集线器或交换机来承担），但最多仅能安装 4 个中继器，使网络的最大范围达到 500m。

表 8.2　双绞线的引脚定义

线路线号	1	2	3	4	5	6	7	8
线路颜色	橙白	橙	绿白	蓝	蓝白	绿	棕白	棕
引脚定义	Tx^+	Tx^-	Rx^+			Rx^-		

双绞线的连接方法也主要有两种：直通线和级联线，级联线又称交叉线。直通线缆两端的水晶头都遵循 T568A 或 T568B 标准，双绞线的每组线在两端是一一对应的，颜色相同的在两端水晶头的相应槽中保持一致，主要用来连接计算机网卡到集线器（或交换机）或通过集线器（或交换机）之间级联口的级联。对于常用的直通线，双绞线的制作方法如图 8.6(a)所示。而交叉线缆的水晶头一端采用 T568A，而另一端则采用 T568B 标准，即 A 水晶头的 1 和 2 对应 B 水晶头的 3 和 6，而 A 水晶头的 3 和 6 对应 B 水晶头的 1 和 2，它主要用于两个网卡（即计算机连计算机）之间的连接或不通过集线器（或交换机）的级联口而进行集线器之间的级联。交叉双绞线的制作方法如图 8.6(b)所示。还有一种翻转的双绞线制作方法，即 1 线对 8 线、2 线对 7 线、3 线对 6 线、4 线对 5 线，采用这种连接方法制作的双绞线主要在计算机与 Cisco 网络设备连接时连接计算机的以太网接口和 Cisco 网络设备的 Console 口。

双绞线的制作步骤如下。

（1）准备工具。双绞线、RJ-45 插头（俗称水晶头）、压线钳，以及网络测线仪。

（2）剪断。利用压线钳的剪线刀口剪取适当长度的网线。

（3）剥皮。用压线钳的剪线刀口将线头剪齐，再将线头放入剥线刀口，让线头触及挡板稍微握紧压线钳慢慢旋转，让刀口划开双绞线的保护胶皮，拔下胶皮（剥去 2cm 左右长

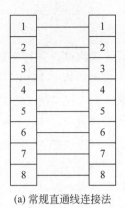

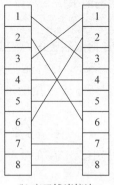

(a) 常规直通线连接法　　　　　　　　　　(b) 交叉线连接法

图 8.6　双绞线的连接方法

度即可）。

　　提示：网线钳挡位离剥线刀口长度通常恰好为水晶头长度，这样可以有效避免剥线过长或过短。剥线过长一方面不美观，另一方面因网线外面护套皮不能被水晶头卡住，容易松动；剥线过短，因有塑料皮存在，太厚，不能完全插到水晶头底部，造成水晶头插针不能与网线芯线完好接触，当然也就不能制作成功。

　　（4）排序。当剥除外面塑料皮后，即可见到双绞线网线的 4 对 8 条芯线，并且可以看到每对的颜色都不同。每对缠绕的两根芯线是由一种染有相应颜色的芯线加上一条只染有少许相应颜色的白色相间芯线组成。4 条全色芯线的颜色为橙色、绿色、蓝色和棕色。每对线都是相互缠绕在一起的，制作网线时必须将 4 个线对的 8 条细导线一一拆开，理顺，捋直，然后按照规定的线序排列整齐。在网络施工中，对于交换机到计算机的连线，建议用 T568B 标准。

　　（5）剪齐。把线尽量捋直（不要缠绕）、压平（不要重叠）、挤紧理顺（朝一个方向紧靠），然后用压线钳把线头剪平齐。这样，在双绞线插入水晶头后，每条线都能良好接触水晶头中的插针，避免接触不良。如果以前剥的皮过长，可以在这里将过长的细线剪短，保留去掉外层绝缘皮的部分约为 14mm，这个长度正好能将各细导线插入到各自的线槽。

　　（6）插入。一手捏住水晶头，使有塑料弹片的一侧向下，针脚一方朝向远离自己的方向，此时水晶头最左边的对应第 1 号针脚，最右端对应第 8 根针脚，其余依次排列。另一手捏住双绞线外面的胶皮，缓缓用力将 8 条芯线同时沿 RJ-45 头内的 8 个线槽插入，一直插到线槽的顶端。

　　（7）压线。确认所有芯线都已插到位，并透过水晶头检查线序无误后，就可以用压线钳压制 RJ-45 头了。将 RJ-45 头从无牙的一侧推入压线钳夹槽后，用力握紧线钳（如果力气不够大，可以使用双手一起压），将突出在外面的针脚全部压入水晶头内与双绞线 8 根铜芯接触。

　　（8）测试。网线制作好后，需用测线仪进行检测。将网线两端的水晶头分别插入主测试仪和远程测试端的 RJ-45 端口,将开关拨到"ON"(S 为慢速挡),这时主测试仪和远程测试端的指示灯应该逐个闪亮。

以直通线为例,把水晶头的两端都做好后即可用网线测试仪进行测试,如果测试仪上 8 个指示灯都依次为绿色闪过,证明网线制作成功。如果出现任何一个灯为红灯或黄灯或不亮,都证明存在断路或者接触不良现象,此时最好先对两端水晶头再用网线钳压一次,再测,如果故障依旧,再检查一下两端芯线的排列顺序是否一样,如果不一样,剪掉一端,重新按另一端芯线排列顺序制作水晶头。如果芯线顺序一样,但测试仪在测试后仍显示不正常,则表明其中肯定存在对应芯线接触不好。此时只能先剪掉一端按另一端芯线顺序重做一个水晶头了,再测,如果故障消失,则不必重做另一端水晶头,否则还得把原来的另一端水晶头也剪掉重做,直到测试全为绿色指示灯闪过为止。对于不同的制作方法,测试仪上的指示灯亮的顺序也不同。如果是直通线,则测试仪上的灯应该是依次按顺序闪亮;如果做的是交叉双绞线,则测试仪一端顺序闪亮,另一端的闪亮顺序应该是 3、6、1、4、5、2、7、8。

注意:水晶头是网络耗材,是一次性的,使用一次后就要作废,所以要节约使用。

2. 配置 TCP/IP 协议

(1) 用鼠标右击桌面上的"网络"图标,单击"属性"选项,弹出"网络和共享中心"窗口,如图 8.7 所示。

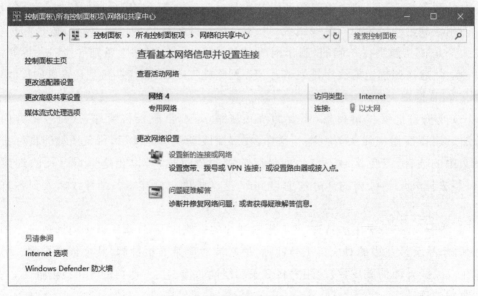

图 8.7 "网络和共享中心"窗口

(2) 单击"以太网"图标,弹出"本地连接 状态"对话框,单击"属性"命令,弹出"本地连接 属性"对话框,如图 8.8 所示。

(3) TCP/IP 协议设置。选择"Internet 协议版本 4(TCP/Ipv4)"项目,单击"属性"按钮,打开 TCP/IP 协议的属性对话框,如图 8.9 所示,进行 IP 地址的设置。

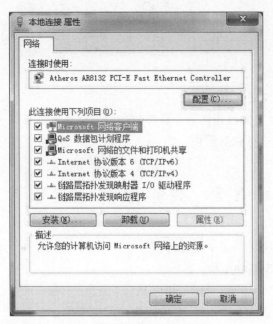

图 8.8 "本地连接 属性"对话框

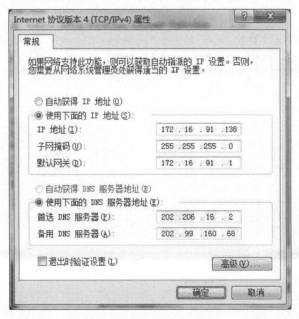

图 8.9 TCP/IP 协议设置

（4）分别设置本台计算机的 IP 地址、子网掩码、默认网关、DNS 选项,单击"确定"按钮完成设置。设置正确后即可与同局域网中的其他计算机进行通信。同一局域网的两台 PC 之间也可以用 ping 命令测试一下,看是否能够连通。

8.4　实　验　习　题

（1）制作直通型或交叉型双绞线。

（2）利用双绞线、交换机等网络设备将两台以上计算机组建成一个对等局域网,使局域网中的计算机能够进行相互通信。

8.5　实验报告与要求

（1）机房实验室网络是哪种拓扑结构?

（2）简单介绍星型拓扑结构。

（3）双绞线有几对? 分别用什么颜色表示?

（4）计算机与中心结点连接时,双绞线的排线顺序是什么?

（5）计算机与计算机(或中心结点与中心结点)连接时,双绞线的排线顺序是什么?

（6）制作双绞线时,计算机与中心结点、计算机与计算机连接时,双绞线的排线顺序为什么不一样?

（7）写出本人所用计算机名、IP 地址、子网掩码、默认网关、DNS 等网络设置信息。

（8）写出本次实验遇到的问题、取得的经验等。

实验 九 网页设计与制作

9.1 实 验 目 的

- 了解网页制作及发布过程。
- 能够创建站点，创建网页，综合运用 HTML 和 CSS 等进行网页制作。
- 能够运用多媒体对象丰富网页内容。
- 根据相关主题，设计自己的网页，创建简单的网站。

9.2 相 关 知 识

1. 网页

网页（Web Page）主要由文字、图像和超链接等元素构成，还可以包含音频、视频等素材。为了快速了解网页是如何形成的，可以在打开的网页上右击选择"源代码"，在弹出的窗口中便会显示当前网页的源代码，例如某网页新闻的源代码如图 9.1 所示。

图 9.1 某网页新闻的源代码

图 9.1 中显示的源文件是一个纯文本文件,浏览网页时看到的图片、视频等,其实是这些纯文本组成的代码被浏览器渲染后的效果。网站就是多个网页的集合,网页与网页之间通过超链接互相访问。

网站由网页构成,网页有静态网页和动态网页之分,所谓静态网页是指用户无论何时何地访问,网页都会显示固定的信息,除非网页的源代码被更新。而动态网页显示的内容则会随着用户操作和时间的不同而变化,这是因为动态网页可以与服务器数据库进行实时的数据交换,例如我们经常使用的购物网站。

2. HTML

HTML(HyperText Markup Language,超文本置标语言)是制作网页、包含超级链接的超文本文件的标准语言,它由文本和标记组成。超文本文件的扩展名一般为.html 或.htm。HTML 主要用来对网页中的文本、图片、声音等内容进行描述。网页中需要定义什么内容,就用相应的 HTML 标记描述。表 9.1 列出了部分 HTML 标记。

表 9.1 部分 HTML 标记

标 记 名	标 记 含 义
<HTML>…</HTML>	网页开始,结束标识
<HEAD>…</HEAD>	网页头部
<TITLE>…</TITLE>	网页标题标识
<BODY>…</BODY>	网页内容体
<H? >…</H? >	标题级别,1~6,如 H1 表示 1 级标题格式
<B>…</B>	字体加粗
<I>…</I>	字体倾斜
<A HREF=>…</A>	链接标识
<P>…</P>	段落分隔
<TABLE>…</TABLE>	表格
<TR>…</TR>	表格行
<TD>…<// TD>	表格列
<IMG SRC="URL">	图形标识
<FRAM>…</FRAM>	框架标识

3. HTML 基本结构

可以将 HTML 看成是加入了许多标记(Tag)的普通文本文件。从结构上讲,HTML文件由元素(Element)组成,组成 HTML 的元素有许多种,分别用于组织文件的内容和指导文件的输出格式。绝大多数元素有起始标记和结束标记。在起始标记和结束标记中间的部分称为“元素体”。每一个元素都有名称,大部分元素都有属性,元素的名称和属性都在起始标记内标明。HTML 语言不区分大小写,例如<html>和<HTML>具有相同的含义。

下面代码展示了 HTML 语言的结构特点。

```
<html>
<body>
<h1>我的第一个标题</h1>
<p>我的第一个段落。</p>
</body>
</html>
```

将上述代码进行保存,文件名为 html1.htm,在浏览器中的浏览效果如图 9.2 所示。

图 9.2　比较简单的 HTML 文件

4. CSS 基础

CSS 通常称为 CSS 样式或样式表,主要用于设置 HTML 页面中的文本内容(字体、大小、对齐方式等)、图片的外形(宽高、边框样式、边距等)以及版面的布局等外观显示样式。CSS 非常灵活,它既可以嵌入 HTML 文档中,也可以是一个单独的外部文件。其基本语法格式如下:

```
选择器{属性 1:属性值 1; 属性 2:属性值 2; 属性 3:属性值 3; }
```

例如:

```
h2{font-size:14px;color:red;}
```

h2 是选择器,表示 CSS 样式作用的 HTML 对象<h2>标记,font-size 和 color 为 CSS 属性,分别表示字体大小和颜色,14px 和 red 是它们的值。使用 CSS 修饰网页元素时,首先需要引入 CSS 样式表,本次实验我们采取的是链入式引入,将所有的样式放在一个或多个以.css 为扩展名的外部样式文件中,通过<link/>标记将外部样式表文件链接到 HTML 文档中,在实验内容里会有详细介绍。

9.3　实验内容

1. 创建站点

(1)确定网站的主题。以设计个人网站为例,网站的主题是设计者个人的一些相关的内容。网站的名字可以根据设计者喜好来确定,假设命名为 ShiyanWeb。

注意：在制作网页时,所有涉及的文件命名一般用英文字母。

（2）确定网站的栏目,设计网站的结构图。假设网站的结构如图 9.3 所示。

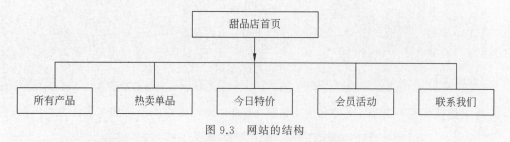

图 9.3　网站的结构

（3）根据网站的设计,创建本地站点。

选择一个合适的 HTML 编辑器,本例使用 Dreamweaver。

创建站点的方法配套教材已经讲解得很清楚,此处不再重复。需要注意的是,创建站点之前要在本地磁盘合适的位置新建站点文件夹,假设命名为 ShiyanWeb,以后所有该站点的文件都放到这个文件夹中,文件之间的关系也以此文件夹作为根目录以相对路径的方式创建超链接。站点的定义如图 9.4 所示。然后单击"确定"按钮。

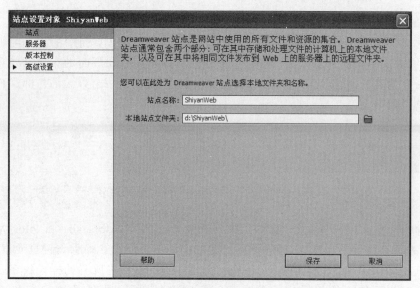

图 9.4　ShiyanWeb 站点定义

（4）在 ShiyanWeb 站点新建网站的主页。启动 Dreamweaver 之后,单击"文件"菜单中的"新建"命令,在弹出的"新建文档"对话框中选择类别为"空白页",页面类型为HTML,单击"创建"按钮,Dreamweaver 的编辑界面出现了一个未命名的空白页面,根据习惯,网页制作者常常将网站的主页命名为 index.html。单击"文件"菜单中的"另存为"命令后,在弹出的对话框中为主页命名,并单击"保存"按钮,如图 9.5 所示。

图 9.5　网站主页的保存

（5）准备图片素材。为创建的网站寻找合适的主题素材图片，图片最好经过专业图像软件处理好像素大小，放入我们创建好的 images 文件夹中。目前网页上常用的图像格式主要有 GIF、JPG 和 PNG，其中 GIF 可支持动画，PNG 支持 Alpha 透明，而 JPG 显示的颜色比 GIF 和 PNG 要多。如果是网页中的小图片或网页基本元素（图标、按钮等）考虑用 GIF 或 PNG-8，半透明图像考虑用 PNG-24，类似照片的图像可考虑用 JPG。

（6）其他素材准备。如需插入音乐、视频等多媒体，也需要提前做好题材收集，放入专门的文件夹。准备时注意不同格式的多媒体与浏览器、播放器的兼容问题。

2. 利用 HTML 和 CSS 制作网页

（1）HTML 结构分析。

制作"甜品店"专题页面计划从上到下可以分为 5 个模块，如图 9.6 所示。

根据网页规划对这个专题页面进行整体布局，在站点根目录下新建一个 HTML 文件，命名为 index.html，可观察到新的 HTML 页面有很多已经存在的代码：<!DOCTYPE>位于文档最前面，用于向浏览器说明当前文档使用哪种 HTML 或 XHTML 标准规范。<html>用于声明 XHTML 统一默认命名空间。<head>标记用于定义 HTML 文档的头部信息。<meta/>标记用于定义页面的元信息。此处我们无须记住这些标记，使用 Dreamweaver 时，会自动生成 HTML 基本格式标记。在<title>标签之间定义网页的标题是"甜蜜时光"，然后使用<div>标记对页面进行布局，具体代码如图 9.7 所示。

图 9.6　网站模块结构

```
1   <!DOCTYPE html PUBLIC "-//W3C//DTD XHTML 1.0 Transitional//EN" "http://www.w3.org/TR/xhtml1/DTD/xhtml1-transitional.dtd">
2   <html xmlns="http://www.w3.org/1999/xhtml">
3   <head>
4   <meta http-equiv="Content-Type" content="text/html; charset=utf-8" />
5   <title>甜蜜时光</title>
6   </head>
7   <body>
8   <!--header begin-->
9   <div class="header"></div>
10  <!--header end-->
11  <!--fenlei begion-->
12  <div class="fenlei"></div>
13  <!--fenlei end-->
14  <!--cuxiao begin-->
15  <div id="news"></div>
16  <!--cuxiao end-->
17  <!--xinpin begin-->
18  <div class="xinpin"></div>
19  <!--xinpin end-->
20  <!--footer beigin-->
21  <div class="shouhou"></div>
22  <div class="boss"></div>
23  <!--footer end-->
24  </body>
25  </html>
26
```

图 9.7　<div>标记对页面进行布局

<div>标记是英文 division 的缩写,意为"分割、区域"。<div>标记简单而言就是一个区块容器标记,可以将网页分割为独立的、不同的部分,以实现网页的规划和布局。<div>与</div>之间相当于一个容器,可以容纳段落、标题、表格、图像等各种网页元素,<div>中还可以嵌套多层</div>。对每一个模块定义不同的 class 属性来控制格式,这种类选择器最大的优势是可以为元素对象定义单独或相同的样式。例如标题模块的类名字是 header,header 将在 index.html 链接的.css 文件中进行单独定义,后面会有具体介绍。

(2) 填入文本。

在一个网页中,文字往往占有较大的篇幅,为了让文字能够排版整齐、结构清晰,我们可以使用 HTML 提供的文本控制标记,也可以利用 CSS 样式表。打开 index.html,在<div class="header"></div>中间填入文本,并设置好相应的格式,如图 9.8 所示。

```
9    <!--header begin-->
10   <div class="header">
11       <h1><strong>甜蜜物语</strong>        <em>味在香甜 意在初恋</em></h1>
12       <hr size="1" color="#FF3399" width="980px" />
13   </div>
14   <!--header end-->
```

图 9.8   文本设置

对图 9.8 所示的程序代码解释如下。

① <h1>是 HTML 的一级标题,HTML 提供了 6 个等级的标题,分别为<h1>~<h6>,重要性递减,语法格式如下。

```
<hn align="对齐方式">标题文本</hn>
```

align 属性为可选属性,用于指定标题的对齐方式,取值有 left、center 和 right。

② <strong>表示文本以粗体方式显示,<em>表示文本以斜体方式显示。

③ <hr/>是单标记,不成对出现,用来创建水平线,后面的 size、color、width 分别表示水平线的粗细、颜色和宽度设置。

后面我们还会看到段落标记<p><p/>、换行标记
等文本控制标记。

将 Dreamweaver 切换到设计视图,如图 9.9 所示。

图 9.9   文本效果图

(3) 定义 CSS 样式。

在站点根目录下的 CSS 文件夹内新建样式表文件 style01.css,如需要在 index.html

文件使用中引入样式表文件,可使用<link>标签引入,如图9.10所示。

```
1  <!DOCTYPE html PUBLIC "-//W3C//DTD XHTML 1.0 Transitional//EN" "http://www.w3.org/TR/xhtml1/DTD/xhtml1-transitional.dtd">
2  <html xmlns="http://www.w3.org/1999/xhtml">
3  <head>
4  <meta http-equiv="Content-Type" content="text/html; charset=utf-8" />
5  <link href="style01.css" type="text/css" rel="stylesheet" />
6  <title>甜蜜时光</title>
```

图9.10　链入CSS样式表

图9.10所示的<link>标签语法说明如下。

<link/>标记需要放在<head>头部标记中,并且必须指定<link/>标记的三个属性,具体如下。

① href:定义所链接外部样式表文件的URL。

② type:定义所链接文档的类型,在这里需要指定为text/css,表示链接的外部文件为CSS样式表。

③ rel:定义当前文档与被链接文档之间的关系,在这里需要指定为stylesheet,表示被链接的文档是一个样式表文档。

然后在style01.css定义页面的基础样式,具体如图9.11所示。

```
1  @charset "utf-8";
2  /* CSS Document */
3  *{margin:0; padding:0;border:0;background:none;}
4  body{background-color:#CFF; font-family:"楷体"; font-size:16px; color:#F9C;}
5
```

图9.11　基础样式设置

图9.11中代码说明如下。

①"＊"是通配符选择器,能匹配页面所有的元素,使用＊{margin:0;padding:0;border:0;}可以清除所有HTML标记的默认边距。

②<body>标记用于定义HTML文档所要显示的内容,第4行代码定义的是页面公共样式:背景颜色是#CFF(十六进制),字体为楷体,字号为16px(像素),字体颜色为#F9C(十六进制)。此时再把index.html切换到设计视图,显示效果如图9.12所示。

图9.12　链入CSS样式表后的设计图

下面在style01.css中定义.header类样式,代码如图9.13所示。
.header{}是一个类选择器,基本语法格式如下。

.类名{属性1:属性值1; 属性2:属性值2; 属性3:属性值3;}

```
5   .header{
6   width:1028px;
7   margin:0 auto 7px;
8   height:86px;
9   line-height:86px;
10  text-align:center;
11  font-family:"微软雅黑";
12  color:#F9C;
13  }
14  .header h1{font-weight:normal;}
15  .header strong{font-weight:normal;
16  font-size:30px;}
17  .header em{font-style:normal;
18  font-size:14px;}
```

图 9.13　.header 类及复合选择器代码

大多数 HTML 元素都可以定义 class 属性，类选择器最大的优势是可以为元素对象定义单独或相同的样式，在 index.html 中的标题模块内有标签：＜div class＝"header"＞，表明该模块通过类选择器指定样式，如定义页面宽度（width）为 1028px，高度（height）为 86px，且水平居中（margin），行高（line-height）为 86px，文本内容水平（text-align）居中，字体（font-family）设置为微软雅黑，文字颜色（color）设置为♯F9C。

CSS 基础选择器并不能良好地控制网页中元素的显示样式，利用 CSS 复合选择器、CSS 层叠性与继承性以及 CSS 优先级将更好地实现结构与表现的分离。.header h1{font-weight:normal;}是一个后代选择器，后代选择器是用来选择元素或元素组的后代，其写法就是把外层标记写在前面，内层标记写在后面，中间用空格分隔。当标记发生嵌套时，内层标记就成为外层标记的后代，当.header 内嵌套＜h1＞标记时，就指定了标题模块中＜h1＞的字体粗细是 normal，而不再是 index.html 文件中定义的加粗了。切换到设计视图可以看到字体的变化如图 9.14 所示。

图 9.14　保存.header 后的网页设计图

（4）创建各模块。

继续在 index.html 中写入如图 9.15 所示代码。

```
15  <!--fenlei begoin-->
16  <div class="fenlei">
17   <h2>甜品种类>> </h2>
18      <br />
19      <img src="images/tianpin01.jpg" alt="网上甜品店" />
20      <br /><br />
21      <p>幸福就是甜品的味道，每一道甜品都有一个故事</p>
22      <br />
23      <br />
24  </div>
25  <!--fenlei end-->
```

图 9.15　分类模块 HTML 代码

实验九　网页设计与制作 —————— 101

是 HTML 中的强制换行标记,在这里直接输入回车键是不能起到换行作用的。这里我们插入了一张图片,其路径是 images/tianpin01.jpg,这是一个相对路径,表明图像文件位于 HTML 文件的下一级 images 文件夹中。网页建设中不建议使用绝对路径。属性 alt 表示当图像不能显示时替换的文本是"网上甜品店"。

切换到设计视图,显示效果如图 9.16 所示。

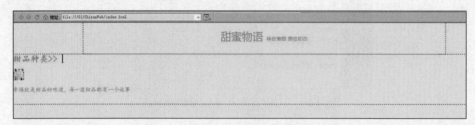

图 9.16　分类模块设计图

打开 style01.css,继续为.fenlei 类设置属性,代码如图 9.17 所示。

```
19  .fenlei{width:1028px;
20  margin:0 auto;}
21  .fenlei h2{font-size:14px;
22  font-family:"微软雅黑";
23  color:#F9C;
24  height:42px;
25  line-height:42px;}
26  .fenlei p{line-height:30px;
27  text-align:center;
28  font-size:18px;}
```

图 9.17　控制分类模块的 CSS 代码

此时再切换到 index.html 的设计视图,我们可以看到网页已经更新,显示效果如图 9.18 所示。

图 9.18　链入 CSS 后的显示效果

继续制作其他模块,在 index.html 中输入如图 9.19 所示代码。

```
26    <!--cuxiao begin-->
27    <div id="news">
28        <div class="news_con">
29        <img src="images/01.png"/>
30    </div>
31        <div class="news_con">
32        <img src="images/02.png" />
33        </div>
34     <div class="news_con">
35        <img src="images/03.png"/>
36        </div>
37    </div>
38    <!--cuxiao end-->
39    <!--xinpin begin-->
40    <div class="xinpin">
41        <img src="images/shipin.jpg" />
42        <br /><br />
43        <p class="txt">诗人戴安.艾克曼说,每七到十天,我们的味蕾就会汰旧换新,层叠一起如花瓣般多变起伏
44    <p class="txt"><em>延展性极佳的翻糖(Fondant)可以塑造出各式各样的造型,并将精细特色完美的展现出来
45    </div>
46    <!--xinpin end-->
47    <!--footer beigin-->
48    <div class="shouhou">
49        品质保障  |  免费品尝   |  特色口味   
50        <br /><br />
51    </div>
52    <div class="boss">
53        <img src="images/touxiang.jpg" alt="甜品" width="100" height="100" align="left" />
54        <h3>店主:甜甜蜜蜜</h3>
55        <p>甜甜的味道是我们青春的回忆</p>
56        <hr /><br /><br />
57    </div>
58    <!--footer end-->
59    </body>
60    </html>
61
```

图 9.19　其他模块 HTML 代码

编写各模块对应的 CSS 代码,参考程序代码如图 9.20 所示。

保存代码后切换设计视图可以看到网页已经更新,显示效果如图 9.21 所示。

(5)插入多媒体和设计滚动字幕。

网页还可以插入我们喜欢的音频、视频,设计有趣的滚动字幕。要在网页内插入背景音乐时,可以在 HTML 文件的<head>标签内输入以下代码。

```
<embed src="01.mp3" width=0 height=0 type=audio/mpeg autostart="true" loop=
"true">
</embed>
```

其中 src=音乐地址,此处和插入图片一样,建议使用相对地址。width 和 height 中的数字分别表示播放器的宽度和高度,都选择 0 将隐藏播放器(隐藏时一定要选择自动播放)。autostart="true"中 true 或 1 表示自动播放,false 或 0 表示手动播放。loop=

```
29   #news{
30       width:1028px;
31       height:210px;
32       margin:0 auto;
33       padding-top:10px;
34   }
35   .news_con{
36       width:300px;
37       height:205px;
38       float:left;
39       margin-left:40px;
40   }
41   .xinpin{
42       width:1028px;
43       margin:auto;
44       }
45   .xinpin .txt{
46       line-height:30px;
47   text-indent:2em;}
48   .xinpin .txt em{font-style:normal;
49   text-decoration:underline;}
50   .shouhou{width:602px;
51   margin:0 auto;
52   text-align:center;
53   font-family:"微软雅黑";
54   font-size:16px;
55   font-weight:bold;}
56   .boss{width:1028px;
57   margin:0 auto;
58   }
59   .boss h3, .boss p{text-indent:2em;}
60   .boss h3{height:30px;
61   line-height:30px;
62   font-family:"微软雅黑";
63   font-size:18px;
64   font-weight:normal;}
65   .boss p{font-style:italic;
66   line-height:26px;
67   font-size:14px;}
68
```

图 9.20　其他模块 CSS 代码

"true" 中的 true 或 1 表示重复播放,false 或 0 表示只播放一次。注意:插入不同的音频格式,在不同的浏览器可能会面临着兼容问题,并不一定会正常播放。

(6) 制作滚动字幕。

滚动字幕的使用使得整个网页更有动感,要制作滚动字幕,可以使用 HTML 的 <marquee> 标签,使用少量的代码就能实现较好的效果。制作步骤如下。

① 设计页面下,单击工具栏的"代码"视图按钮,在 <body> 与 </body> 标签之间输入 "<marquee>" 之后,按空格键会出现如图 9.22 所示的下拉列表框。

② 其中 direction 是标签的方向属性,可以双击鼠标在出现的方向属性中选择字幕的滚动方向,假设选择"left",如果再选择其他属性,可再按空格键出现属性列表,"scrollAmount"是速度参数,设置为 3。

图 9.21 网页效果图

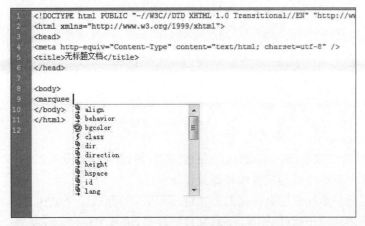

图 9.22 标签的属性列表

③ 如果需要设置当鼠标停留在文字上时，文字停止滚动，则继续添加 marquee 标签的属性，选择 onmouseover，双击鼠标后在代码设计页面的双引号中输入"this.stop()"，按空格，继续选择属性 onmouseout，双击鼠标后在代码设计页面的双引号中输入"this.start()"，如图 9.23 所示。

```
8   <body>
9   <marquee direction="left"  scrollamount="5" onmouseover="this.stop()" onmouseout="this.start()">欢迎光临甜蜜时光</marquee>
10  </body>
```

图 9.23　设置滚动字幕属性

④ 完成 marquee 标签的属性设置之后，输入"＞"，然后在"＜/marquee＞"之前输入要滚动的文本，如"欢迎光临甜蜜时光"。保存网页，在浏览器中预览制作效果。

（7）创建超链接。

为了将所创建的网页构建成为一个整体，需要使用超链接来创建各网页之间的联系。

① 首先新建一个基本页面，保存在 ShiyanWeb 网站的 pages 文件夹下，命名为 fenlei.html。在主页中选择要链接 fenlei.html 页面的文本文字，如选择 index.html 主页中的"甜品种类"文字。

② 在属性面板中"链接"文本框后面选择"浏览文件"按钮，选择要链接的 pages 文件夹下的 fenlei.html 网页，如图 9.24 所示。

图 9.24　网页超链接

③ 单击"确定"按钮，页面的超链接创建完成，属性面板如图 9.25 所示，主页中有超链接的文本文字将转变成为设置的超链接样式。

将制作好的各个网页用超链接的方法链接起来，组合成一个结构合理的网站。超链接也可以用来创建电子邮件、图像、下载文件链接等，读者可自行操作练习。

图 9.25　属性示意图

9.4　实验报告与要求

（1）实验要求。

① 网站内容健康，主题突出。

② 网站中网页数量不少于 5 个。

③ 网站中所有网页的字数和不少于 500 字。

④ 网页中要求必须有滚动字幕、音频、图像、超链接。

⑤ 网站中各网页底色不可用白色、大红、蓝、绿等基准色。

（2）网站可选主题（也可根据个人喜好选择内容健康的网站主题），部分参考主题如下。

① 领略非洲。

② 世界杯足球赛。

③ 美丽的北戴河。

④ 美丽校园。

⑤ 魅力班级。

⑥ 我们的奥运。

（3）计算机基础综合设计性实验评分要求。

① 网站内容健康（否则不及格）。

② 网站中网页数量不少于 5 个。

③ 网站中所有网页的字数和不少于 500 字。

④ 网页中要求必须有滚动字幕、表格、图像、超链接。

⑤ 网站中要有创新设计。

（4）计算机基础综合设计性实验报告评分要求。

① 封面。

② 各网页链接示意图。

③ 各网页功能说明。

④ 设计总结。

附录 A 练 习 题

A.1 选择题与填空题

A.1.1 计算机基础知识

1. 单项选择题

(1) 世界上第一台电子计算机诞生于哪个年代？（　　　）

    A. 20 世纪 30 年代   B. 20 世纪 40 年代

    C. 20 世纪 50 年代   D. 20 世纪 60 年代

(2) 世界上第一台电子计算机诞生于哪个国家？（　　　）

    A. 美国   B. 德国   C. 英国   D. 日本

(3) 按所用的逻辑部件划分，计算机经历了几代演变？（　　　）

    A. 3   B. 4   C. 5   D. 6

(4) 关于电子计算机的特点，以下论述中哪一个是错误的？（　　　）

    A. 运算速度快   B. 运算精度高

    C. 具有记忆和逻辑判断能力   D. 自动运行，不能人工干预

(5) 电气和电子工程师学会(IEEE)将计算机划分几类？（　　　）

    A. 3   B. 4   C. 5   D. 6

(6) 是哪一位科学家奠定了现代计算机的结构理论？（　　　）

    A. 诺贝尔   B. 爱因斯坦   C. 冯·诺依曼   D. 波尔

(7) 当前计算机向哪两极方向发展？（　　　）

    A. 微型机和小型机   B. 微型机和便携机

    C. 微型机和巨型机   D. 巨型机和小型机

(8) 未来计算机发展的总趋势是哪一种？（　　　）

    A. 自动化   B. 巨型化   C. 智能化   D. 数字化

(9) 计算机应用最早，也是最成熟的应用领域是哪一个？（　　　）

    A. 科学计算   B. 数据处理   C. 过程控制   D. 人工智能

(10) 计算机应用最广泛的领域是哪一个？（　　　）

    A. 数值计算   B. 数据处理   C. 过程控制   D. 人工智能

(11) CAD 的中文含义是什么?(　　)

    A. 计算机辅助设计　　　　　　　　B. 计算机辅助制造

    C. 计算机辅助工程　　　　　　　　D. 计算机辅助教学

(12) CAI 的中文含义是什么?(　　)

    A. 计算机辅助设计　　　　　　　　B. 计算机辅助制造

    C. 计算机辅助工程　　　　　　　　D. 计算机辅助教学

(13) 计算机能够直接识别的是哪一种数制?(　　)

    A. 二进制　　　　B. 八进制　　　　C. 十进制　　　　D. 十六进制

(14) "0~9"数字符号是十进制的数码,全部数码的个数称为什么?(　　)

    A. 码数　　　　　B. 基数　　　　　C. 位权　　　　　D. 符号数

(15) 数值 10H 是哪一种进位制表示方法?(　　)

    A. 二进制数　　　B. 八进制数　　　C. 十进制数　　　D. 十六进制数

(16) 下列计数制的写法中,哪一个是错误的?(　　)

    A. 1256　　　　　B. 1042B　　　　C. 5201O　　　　D. 1010H

(17) 机器数的符号是怎样规定的?(　　)

    A. 最高位为符号位,用 1 代表正数　　B. 最高位为符号位,用 0 代表正数

    C. 定点数代表正数　　　　　　　　D. 浮点数代表正数

(18) 定点整数的小数点约定在什么位置?(　　)

    A. 符号位之后　　B. 符号位之前　　C. 最低位后边　　D. 最低位前边

(19) 下列哪一种编码不属于字符编码?(　　)

    A. 机器数　　　　B. ASCII 码　　　C. BCD 码　　　　D. 汉字编码

(20) 标准 ASCII 码是字符编码,这种编码用几个二进制位表示一个字符?(　　)

    A. 8　　　　　　　B. 7　　　　　　　C. 10　　　　　　D. 16

(21) 标准 ASCII 码可以表示多少种字符?(　　)

    A. 255　　　　　　B. 256　　　　　　C. 127　　　　　　D. 128

(22) BCD 码是专门用二进制数来表示哪一种数或符号的编码?(　　)

    A. 字母符号　　　B. 数字字符　　　C. 十进制数　　　D. 十六进制数

(23) BCD 码有多少个编码?(　　)

    A. 255　　　　　　B. 16　　　　　　C. 127　　　　　　D. 10

(24) 国标码(GB 2312—1980)是哪一种编码?(　　)

    A. 汉字输入码　　B. 汉字字型码　　C. 汉字机内码　　D. 汉字交换码

(25) 国标码规定,一个汉字使用两个字节表示,每字节有多少位?(　　)

    A. 1　　　　　　　B. 8　　　　　　　C. 4　　　　　　　D. 7

(26) 国标码(GB 2312—1980)依据使用频度,把汉字分成哪几部分?(　　)

    A. 简化字和繁体字　　　　　　　　B. 一级汉字、二级汉字、三级汉字

    C. 汉字和图形符号　　　　　　　　D. 一级汉字、二级汉字

(27) 计算机系统由哪几部分组成?(　　)

    A. 主机和外部设备　　　　　　　　B. 软件系统和硬件系统

C. 主机和软件系统　　　　　　　　　D. 操作系统和硬件系统

(28) 下列哪一项表示一个完整的计算机系统？（　　　）

A. 主机、键盘和显示器　　　　　　　B. 主机和它的外围设备

C. 系统软件和应用软件　　　　　　　D. 硬件系统和软件系统

(29) 关于"bit"，下面哪一种说法是正确的？（　　　）

A. 数据的最小单位，即二进制数的 1 位

B. 基本存储单位，对应 8 位二进制位

C. 基本运算单位，对应 8 位二进制位

D. 基本运算单位，二进制位数不固定

(30) 关于"Byte"，下面哪一种说法是正确的？（　　　）

A. 数据的最小单位，即二进制数的 1 位

B. 基本存储单位，对应 8 位二进制位

C. 基本运算单位，对应 8 位二进制位

D. 基本运算单位，二进制位数不固定

(31) 关于"字"，下面哪一种说法是正确的？（　　　）

A. 表示数据的最小单位

B. 是最基本的存储单位

C. 整体参与运算和处理的一组二进制数

D. 是运算单位，二进制位数不固定

(32) 关于"字长"，下面哪一种说法是正确的？（　　　）

A. 数据的最小单位，即二进制数的 1 位

B. 基本存储单位，对应 8 位数二进制位

C. 基本运算单位，对应 8 位二进制位

D. 字的二进制数的位数，不固定

(33) 关于"指令"，下面哪一种说法是正确的？（　　　）

A. 指令就是计算机语言

B. 指令是全部命令的集合

C. 指令是专门用于人机交互的命令

D. 指令通常由操作码和操作数组成

2. 多项选择题

(1) 关于世界上第一台电子计算机，哪几个说法是正确的？（　　　）

A. 世界上第一台电子计算机诞生于 1946 年

B. 世界上第一台电子计算机是由德国制造的

C. 世界上第一台电子计算机使用的是晶体管逻辑部件

D. 世界上第一台电子计算机的名字为埃尼阿克（ENIAC）

(2) 关于计算机发展过程，哪几个说法是正确的？（　　　）

A. 按逻辑部件划分，计算机经历了 4 代演变

B. 第二代计算机使用的是晶体管

C. 微型机出现于第三代

D. 到第四代计算机才有了操作系统

（3）关于冯·诺依曼体系结构，哪几个说法是正确的？（　　　）

A. 世界上第一台电子计算机采用了冯·诺依曼体系结构

B. 将指令和数据同时放在存储器中，是冯·诺依曼计算机方案的特点之一

C. 计算机由控制器、运算器、存储器、输入设备、输出设备五部分组成

D. 冯·诺依曼提出的计算机体系结构，奠定了现代计算机的结构理论

（4）关于计算机的发展趋势，哪几个说法是正确的？（　　　）

A. 现代计算机正朝向两极方向发展，即微型机和巨型机

B. 计算机本身就表明"智能化"问题已经解决

C. 多媒体计算机是今后一段时期开发和研究的热点

D. 冯·诺依曼体系结构奠定了现代计算机的结构理论，应继续完善

（5）关于计算机的特点，哪个说法是正确的？（　　　）

A. 计算机速度快、精度低

B. 具有记忆和逻辑判断能力

C. 能自动运行、并支持人机交互

D. 适合科学计算，但不适合数据处理

（6）关于计算机的特点、分类和应用，哪几个说法是正确的？（　　　）

A. 计算机具有逻辑判断功能，所以说计算机具有人的全部智能

B. PC 是面向家庭或个人使用的低档微型计算机，办公系统中很少使用

C. 按计算机的规模分类，计算机分为通用机和专用机

D. 人工智能是计算机应用的一个较新领域

（7）关于计算机的特点、分类和应用，哪几个说法是正确的？（　　　）

A. 当发出运行指令后，计算机便逐条执行程序，不需要人的干预

B. IEEE 将计算机依次分为：微型机、小型机、中型机、大型机、巨型机

C. 计算机应用领域有：数据处理、数值计算、过程控制、人工智能、计算机辅助系统等

D. 最广泛的计算机应用领域是计算机辅助系统

（8）在计算机中全面完整的表示一个机器数应考虑的因素有哪几个？（　　　）

A. 机器数的范围　　B. 机器数的符号　　C. 小数点的位置　　D. 机器数的字长

（9）关于进位计数制，哪个说法是正确的？（　　　）

A. 最大的数码就是基数

B. 采用"逢基数进位"的原则进行计数，称为进位计数制

C. "位权"取决于每一位的具体数码值

D. 整数部分与小数部分的进位计数规则相同

（10）对于计算机中的有符号数，下列哪几个说法是不正确的？（　　　）

A. 符号为"0"表示正数

B. 符号为"1"表示正数

C. 定点数最高位为符号位

D. 浮点数的尾数符号代表整个数据的符号

3. 填空题

(1) 中央处理器的英文缩写名是_____。

(2) 微型计算机上广泛使用的 ASCII 码共有_____个编码。

(3) 没有任何软件支持的计算机称为_____。

(4) 在使用计算机时,无论采用何种汉字输入法输入汉字,计算机都必须将外码(即输入码)转换成_____码,才能进行汉字信息处理。

(5) 在计算机文档中,存储一个汉字通常占_____个字节。

(6) 利用激光与电子照相技术把文字和图像转印到纸上,速度快、分辨率高、质量好且无击打噪声,这种打印机通常称为_____打印机。

(7) 计算机的一条指令通常由_____码和地址码两部分组成。

(8) 计算机完成一条指令的操作可分为取指令、分析指令、_____指令三个步骤。

(9) 一个字节可以存放_____个英文字母。

(10) _____个二进制位组成一个字节。

(11) 习惯上将具有人工智能的计算机称为第_____代计算机。

(12) 微型计算机的内存按性质可分为只读存储器和_____存储器两种类型。

(13) 内存储器以字节为单位,1MB＝_____KB。

(14) 将高级语言转换成机器语言有两种方式即_____方式和解释方式。

(15) 操作系统的英文缩写可用两个英文字母表示即_____。

(16) 512 个汉字所占存储空间为_____KB。

(17) 在 32×32 点阵的字库中,表示 1 个字符占_____个字节。

(18) 计算机系统通常由硬件系统和_____系统组成。

(19) 通常表示十六进制数的方法之一是在十六进制数后面加上字母_____。

(20) 通常表示_____进制数的方法之一是在其数后面加上字母 B。

(21) 基本 ASCⅡ码由_____位二进制数组成。

(22) 计算机硬件系统主要是由_____、运算器、存储器、输入设备和输出设备组成。

(23) 微型计算机把_____和运算器集成在一个大规模集成电路芯片中,构成了中央处理器。

(24) 微型计算机软件系统包括系统软件和_____软件两部分。

(25) 计算机病毒在计算机中主要寄生在引导区和_____中。

(26) Word 宏病毒是寄生在_____文件中的。

(27) 防病毒卡的主要功能是防止_____进入计算机。

(28) 系统软件是指用于管理和维护计算机正常运行的程序,其中最重要的系统软件是_____。

(29) 在内存中,每个存储单元都被赋予一个唯一的编号,这个编号称为存储单元的_____。

（30）程序设计语言是计算机软件系统的重要组成部分，可分为三类，即机器语言、_____语言和高级语言。

（31）_____是一种人为编制的可以在计算机系统中隐藏、传播和进行破坏的程序或指令段，其主要特点有隐蔽性、传染性、破坏性和潜伏性。

A.1.2　计算机硬件知识

1. 单项选择题

（1）冯·诺依曼计算机工作原理的核心是哪一个？（　　）
　　A. 顺序存储和程序控制　　　　　　　　B. 存储程序和程序控制
　　C. 集中存储和程序控制　　　　　　　　D. 运算存储分离

（2）计算机将程序和数据同时存放在机器的哪一部分？（　　）
　　A. 控制器　　　　B. 存储器　　　　C. 输入/输出设备　　　D. 运算器

（3）微型计算机的核心部件是哪一个？（　　）
　　A. 控制器　　　　B. 运算器　　　　C. 存储器　　　　D. 微处理器

（4）在计算机存储系统中，哪一个部件的存储量最大？（　　）
　　A. 辅助存储器　　　B. 主存储器　　　C. Cache　　　　D. ROM

（5）下列存储单位中，哪一个最大？（　　）
　　A. Byte　　　　　B. KB　　　　　C. MB　　　　　D. GB

（6）计算机的存储容量常用 KB 为单位，这里 1KB 表示什么？（　　）
　　A. 1024 个字节　　　　　　　　　　B. 1024 个二进制信息位
　　C. 1000 个字节　　　　　　　　　　D. 1000 个二进制信息位

（7）下列存储器中，哪一个存取速度最快？（　　）
　　A. 磁带　　　　　B. U 盘　　　　C. 硬盘　　　　D. 光盘

（8）下列存储器中，哪一个存取速度最快？（　　）
　　A. 光盘　　　　　B. 磁盘　　　　C. U 盘　　　　D. RAM

（9）下列存储器中，哪一个不能长期保留信息？（　　）
　　A. 光盘　　　　　B. 磁盘　　　　C. RAM　　　　D. ROM

（10）ROM 的中文名称是什么？（　　）
　　A. 软盘存储器　　B. 硬盘存储器　　C. 只读存储器　　D. 随机存储器

（11）每片磁盘的信息存储在很多个不同直径的同心圆上，这些同心圆称为什么？
（　　）
　　A. 扇区　　　　　B. 磁道　　　　C. 磁柱　　　　D. 以上都不对

（12）"柱面"是下列哪一个存储器的参数？（　　）
　　A. U 盘　　　　　B. 硬磁盘　　　　C. 光盘　　　　D. RAM

（13）微型计算机存储器系统中的 Cache 是（　　）。
　　A. 只读存储器　　　　　　　　　　B. 高速缓冲存储器
　　C. 可编程只读存储器　　　　　　　D. 可擦除可再编程只读存储器

(14) 微型计算机中,控制器的基本功能是( )。

    A. 进行算术运算和逻辑运算

    B. 存储各种控制信息

    C. 保持各种控制状态

    D. 控制机器各个部件协调一致地工作

(15) 硬盘第一次使用时,一般应如何处理?( )

    A. 必须进行分区、格式化

    B. 可直接使用,不必进行分区、格式化

    C. 只进行分区,不进行格式化

    D. 只有格式化,不进行分区

(16) 常用的 CD-ROM 是哪一种类型?( )

    A. 只读   B. 读写   C. 可擦   D. 可写

(17) 下列哪一项既是输入设备又是输出设备?( )

    A. 磁盘驱动器   B. 显示器   C. CD-ROM   D. 鼠标器

(18) 下列哪一项决定计算机的运算精度?( )

    A. 主频   B. 字长   C. 内存容量   D. 硬盘容量

(19) CPU 包括哪些部分?( )

    A. 运算器和 Cache   B. 控制器和运算器

    C. ROM 和 RAM   D. 控制器和 Cache

(20) 微型计算机中运算器的主要功能是什么?( )

    A. 只算术运算   B. 只逻辑运算

    C. 算术和逻辑运算   D. 初等函数运算

(21) 微型计算机的 CPU 属于下列哪一项?( )

    A. 一块大规模集成电路芯片   B. 一块印刷电路板

    C. 成套使用的一组芯片   D. 主要辅助电路

(22) 计算机工作过程中,哪一个部件从存储器中取出指令,进行分析,然后发出控制信号?( )

    A. 运算器   B. 控制器   C. 接口电路   D. 系统总线

(23) 微型计算机型号中的"奔腾"或"酷睿"指的是什么?( )

    A. 存储容量   B. 运行速度   C. 显示器型号   D. CPU 的类型

(24) 微型计算机的系统总线是 CPU 与其他部件之间传送哪些信息的公共通道?( )

    A. 输入、输出、运算   B. 输入、输出、控制

    C. 程序、数据、运算   D. 数据、地址、控制

(25) 下列哪一组总线用来在机器内部传送程序或指令?( )

    A. AB 总线   B. CB 总线   C. DB 总线   D. I/O 总线

(26) 下列哪一组给出的部件全部是微型计算机主机的组成部分?( )

    A. RAM、ROM 和硬盘   B. CPU、RAM 和 I/O 接口电路

C. CPU、RAM 和 U 盘　　　　　　　　D. ROM、I/O 总线和光盘

(27) 显示器属于下列哪一项？（　　　）

    A. 主机的一部分　B. 一种存储器　　　C. 输入设备　　　　D. 输出设备

(28) CGA、EGA 和 VGA 与哪一种设备的规格和性能有关？（　　　）

    A. 打印机　　　　B. 存储器　　　　　C. 显示器　　　　　D. 硬盘

(29) 下列哪一项直接影响屏幕显示的清晰度？（　　　）

    A. 对比度　　　　B. 显示分辨率　　　C. 亮度　　　　　　D. 屏幕尺寸

(30) 显示器的显示分辨率与下列哪一项无关？（　　　）

    A. 刷新频率　　　B. 显示器点距　　　C. 屏幕尺寸　　　　D. 显示卡

(31) 打印机是什么？（　　　）

    A. 主机的一部分　B. 一种存储器　　　C. 输入设备　　　　D. 输出设备

(32) 键盘是什么？（　　　）

    A. 主机的一部分　B. 一种存储器　　　C. 输入设备　　　　D. 输出设备

(33) 鼠标是什么？（　　　）

    A. 主机的一部分　B. 一种存储器　　　C. 输入设备　　　　D. 输出设备

(34) 主机板是什么？（　　　）

    A. 主机的一部分　B. 一种存储器　　　C. 输入设备　　　　D. 输出设备

(35) 微型计算机常用的针式打印机属于哪一种类型？（　　　）

    A. 击打式点阵打印机　　　　　　　　B. 击打式字模打印机

    C. 非击打式点阵打印机　　　　　　　D. 激光打印机

2. 多项选择题

(1) 关于硬件系统，下面哪一个说法是正确的？（　　　）

    A. 控制器是"指挥中心"，它重复"执行指令"这一过程

    B. 运算器是"信息加工厂"，它负责对数据进行算术，逻辑运算，以及其他处理

    C. 存储器是存放程序和数据的地方，并根据命令提供给有关部分使用

    D. 在微型计算机中，微处理器就是运算器

(2) 从微型计算机主机的体系结构来看，应包括下列哪几项？（　　　）

    A. 中央处理单元　B. 系统总线　　　　C. 显示器和键盘　D. 硬盘和软盘

(3) 关于微型计算机，下面哪一个说法是正确的？（　　　）

    A. 外存储器中的信息不能直接进入 CPU 进行处理

    B. 系统总线是 CPU 与各部件之间传送各种信息的公共通道

    C. 所有光盘只能读，不能写

    D. 家用计算机不属于微机

(4) 下列哪几项在微型计算机的主板上？（　　　）

    A. 内存槽　　　　B. 扩展槽　　　　　C. 各种辅助电路　D. 外存储器

(5) 关于存储器，下面哪一个说法是正确的？（　　　）

    A. 存储器系统由 Cache、内存储器和外存储器组成

    B. 存储器的主要技术参数有存取速度、存储容量和密度

C. 微型计算机的内存储器包括 RAM、ROM 和硬盘

D. 微型计算机的外存储器有：磁带、磁盘和光盘等

（6）关于微型计算机中的存储器，下面哪些说法是正确的？（   ）

A. 用户可对随机存取存储器的任意存储单元进行读出或写入

B. 随机存取存储器的英文写法是 ROM

C. 一般所说的微机内存容量是以 ROM 的容量为准

D. 主板上的 CMOS 是由计算机生产厂家事先写好内容的只读存储器

（7）关于外存储器，下面哪一个说法是正确的？（   ）

A. 硬盘、U 盘、光盘存储器都要通过接口电路接入主机

B. CD-ROM 是一种可重写型光盘，目前已成为多媒体微机的重要组成部分

C. U 盘和光盘都便于携带，但 U 盘的存储容量更大

D. 硬盘虽然不如 U 盘存储容量大，但存取速度更快

（8）微型计算机的 U 盘与硬盘相比较，硬盘的特点是什么？（   ）

A. 存储容量大　　　B. 便于携带　　　C. 存取速度快　　　D. 存取速度慢

（9）关于磁盘使用知识，下面哪一个说法是正确的？（   ）

A. U 盘的数据存储容量比硬盘小

B. 光盘可以是好几张盘片合成一个

C. U 盘存储密度较硬盘大

D. 读取硬盘数据所需的时间较 U 盘多

（10）关于磁盘使用知识，下面哪一个说法是正确的？（   ）

A. U 盘携带方便，新盘使用前必须进行"低级格式化"划分磁道和扇区

B. U 盘不能作为启动盘

C. 硬磁盘不要轻易格式化，每次格式化之前，必须先进行分区

D. 硬磁盘的盘片与驱动器密封为一个整体，不易损坏、寿命长

（11）关于接口电路，下面哪一个说法是正确的？（   ）

A. 接口电路又称适配器

B. 接口电路是微型计算机与外部设备交换信息的桥梁

C. 接口电路一端连接外部设备，另一端连接数据总线

D. 接口电路有并行通信与串行通信两类，前者的传输速率慢于后者

（12）关于计算机硬件系统，哪一种说法是正确的？（   ）

A. 软盘驱动器属于主机，软磁盘本身属于外部设备

B. 硬盘和显示器都是计算机的外部设备

C. 键盘和鼠标均为输入设备

D. "裸机"指不含外部设备的主机，若不安装软件系统则无法运行

（13）关于计算机硬件系统，哪一种说法是正确的？（   ）

A. 键盘是输入设备，打印机是输出设备，它们都是计算机的外部设备

B. 显示器显示键盘键入的字符时是输入设备；显示程序输出结果时是输出
设备

C. U 盘与硬盘既是输入设备又是输出设备

D. 打印机只能打印字符和表格,不能打印图形

(14) 下面哪一个是计算机的输入设备?( )

    A. 打印机   B. 键盘   C. 鼠标   D. 扫描仪

(15) 关于输入、输出设备,下面哪一个说法是正确的?( )

    A. 键盘只能输入数据、文本和程序,不能输入图形和图像

    B. 鼠标是一种屏幕标定装置,使用最多的是光电式鼠标器

    C. 显示器用来显示系统状态和运行结果,主要参数有屏幕尺寸、点距、分辨率等

    D. 打印机可以长期保留输出信息,但只能打印字符,不能打印图形

(16) 常用鼠标器类型有哪几种?( )

    A. 光电式   B. 击打式   C. 机械式   D. 喷墨式

(17) 关于显示器和显示卡,下面哪一个说法是正确的?( )

    A. 显示器有单色和彩色之分,是计算机最重要的输出设备

    B. 显示卡是连接 CPU 与显示器的接口电路,与显示器共同构成显示系统

    C. 点距是显示器的重要参数,点距越大,可达到的分辨率越高

    D. 显示器可达到的显示分辨率只与点距有关

A.1.3 计算机软件知识

1. 单项选择题

(1) 人们针对某一需要而为计算机编制的指令序列称为什么?( )

    A. 指令   B. 程序   C. 命令   D. 指令系统

(2) 根据软件的功能和特点,计算机软件一般分哪两类?( )

    A. 系统软件和非系统软件   B. 系统软件和应用软件

    C. 应用软件和非应用软件   D. 系统软件和管理软件

(3) 什么是计算机系统软件的两个重要特点?( )

    A. 可安装性和可卸载性   B. 通用性和基础性

    C. 可扩充性和复杂性   D. 层次性和模块性

(4) 下列哪一类软件处于软件系统的最内层?( )

    A. 语言处理系统   B. 用户程序   C. 服务型程序   D. 操作系统

(5) 下列哪一类软件不具有通用性?( )

    A. 用户程序   B. 语言处理系统   C. 服务性程序   D. 操作系统

(6) 下列哪一类软件负责对机器实施监控、调试和故障诊断工作?( )

    A. 用户程序   B. 语言处理系统   C. 服务型程序   D. 操作系统

(7) 内层软件向外层软件提供服务,外层软件在内层软件支持下才能运行,表现了软件系统的什么特性?( )

    A. 层次关系   B. 模块性   C. 基础性   D. 通用性

(8) 下列哪一类软件是系统软件？（　　　）

    A. 编译程序　　　　　B. 工资管理软件　　　C. 绘图软件　　　　　D. 制表软件

(9) 根据机计算机语言发展的过程，下列哪一个排列顺序是正确的？（　　　）

    A. 高级语言、机器语言、汇编语言　　　　B. 机器语言、汇编语言、高级语言

    C. 机器语言、高级语言、汇编语言　　　　D. 汇编语言、机器语言、高级语言

(10) 计算机能够直接执行的是哪一类程序？（　　　）

    A. 汇编语言程序　　　　　　　　　B. 高级语言程序

    C. 自然语言程序　　　　　　　　　D. 机器语言程序

(11) 将高级语言源程序译成机器语言程序，需要使用下列哪一个软件？（　　　）

    A. 汇编程序　　　B. 解释程序　　　C. 连接程序　　　D. 编译程序

(12) 将汇编语言源程序翻译成机器语言程序，需要使用下列哪一个软件？（　　　）

    A. 汇编程序　　　B. 解释程序　　　C. 连接程序　　　D. 编译程序

(13) 编译程序将高级语言程序翻译成与之等价的机器语言程序，编译前的程序如何称呼？（　　　）

    A. 源程序　　　B. 原程序　　　C. 临时程序　　　D. 目标程序

(14) 什么语言使用助记符代替操作码，使用地址符号代替操作数？（　　　）

    A. 汇编语言　　　B. C 语言　　　C. 机器语言　　　D. BASIC 语言

(15) 为解决各类应用问题而编写的程序，称为什么软件？（　　　）

    A. 系统软件　　　B. 支撑软件　　　C. 应用软件　　　D. 服务性程序

(16) 机器语言程序在机器内部以什么编码形式表示？（　　　）

    A. 条形码　　　B. 拼音码　　　C. 内码　　　D. 二进制码

(17) 软件系统中的哪一部分控制和管理全部软硬件资源？（　　　）

    A. 应用程序　　　B. 操作系统　　　C. 语言处理程序　　　D. 工具软件

(18) 计算机病毒指的是哪一种说法？（　　　）

    A. 微生物感染　　　B. 化学污染　　　C. 破坏性程序　　　D. 电路故障

(19) 下列哪一个不是计算机病毒具有的特性？（　　　）

    A. 传染性　　　B. 潜伏性　　　C. 自我复制　　　D. 自行消失

(20) 计算机每次启动时被运行的计算机病毒称为什么病毒？（　　　）

    A. 恶性病毒　　　B. 良性病毒　　　C. 引导性病毒　　　D. 文件性病毒

(21) 下列哪一项不可能是计算机病毒造成的后果？（　　　）

    A. 系统运行不正常　　　　　　　　B. 破坏文件和数据

    C. 更改 CD-ROM 光盘上的内容　　　D. 破坏某些硬件

(22) 关于防病毒软件，下列哪一种说法正确？（　　　）

    A. 是有时间性的，不能消除所有病毒

    B. 也称防病毒卡，不能消除所有病毒

    C. 在有限时间内，可以消除所有病毒

    D. 三种说法都不对

2. 多项选择题

(1) 关于软件系统的知识,哪几个说法是正确的?(　　)

    A. 软件系统由系统软件和应用软件组成

    B. 系统软件是买来的软件,应用软件是为解决应用问题而由用户编写的程序

    C. 软件系统呈层次结构,处在外层的软件必须在内层软件的支持下才能运行

    D. 没有软件的计算机硬件系统,只能做简单的工作

(2) 关于软件系统,下面哪一个说法是正确的?(　　)

    A. 系统软件的功能之一是支持应用软件的开发和运行

    B. 操作系统由一系列模块所组成,专门用来控制和管理全部硬件资源

    C. 如不安装操作系统,仅安装应用软件,则计算机只能做一些简单工作

    D. 应用软件处于软件系统的最外层,直接面向用户,为用户服务

(3) 关于软件系统,下面哪一个说法是正确的?(　　)

    A. 系统软件的特点是通用性和基础性

    B. 高级语言是一种独立于机器的语言

    C. 任何程序都可被视为计算机的系统软件

    D. 编译程序只能一次读取、翻译并执行源程序中的一行语句

(4) 关于操作系统,下面哪一个说法是正确的?(　　)

    A. 是具有一系列功能模块的大型程序

    B. 是计算机硬件的第一级扩充

    C. 处于应用软件的最底层

    D. 一般固化在 ROM 中

(5) 关于计算机语言,下面的说法哪一个是正确的?(　　)

    A. 机器语言程序的每一条语句就是一条二进制数的指令代码

    B. 在汇编语言程序中,操作码和操作数都用助记符表示

    C. 汇编语言程序比机器语言程序易读、易修改,并具备通用性、可移植性

    D. 高级语言的特点之一是"面向机器,而不是面向问题"的

(6) 关于计算机语言,下列哪一个说法是正确的?(　　)

    A. 计算机安装一种高级语言,就可以直接执行各种语言编写的程序

    B. 程序必须进入计算机的主存储器后才能执行

    C. 不同 CPU 的计算机有不同的机器语言和汇编语言

    D. 编译程序是一边翻译、一边执行,若发现错误则马上停止

(7) 关于计算机语言,下面哪一个说法是正确的?(　　)

    A. 计算机语言是人机交流的特定语言

    B. 用汇编语言编写的程序可直接执行

    C. 编译程序将高级语言源程序翻译成与之等价的机器语言目标程序

    D. 机器语言因机器而异,故说它是面向机器的语言

(8) 关于计算机病毒,下面哪一个说法是正确的?(　　)

    A. 计算机病毒是人为编制的独立存在的程序

B. 计算机病毒入侵后,立即发作

C. 磁性媒体、光学介质和计算机网络都可以传染计算机病毒

D. 不使用来历不明的程序或软件,是防范计算机病毒的有效方法

(9) 关于计算机病毒,下面哪一个说法是正确的?(　　)

A. 计算机病毒是能够自身复制,且有破坏作用的计算机程序

B. 使用病毒检测软件,就可完全预防各种病毒的侵入

C. 计算机病毒可以通过计算机网络传播

D. 所有计算机病毒都能破坏磁盘上的数据和程序

(10) 关于计算机病毒,下列哪些说法是正确的?(　　)

A. 只要安装防病毒卡就可以防止计算机病毒侵入

B. CD-ROM 中的程序不会被病毒感染

C. 计算机在运行程序中出现"死机",则一定是感染了病毒

D. 一旦病毒发作时,系统已经受到了不同程度的破坏

(11) 关于计算机病毒,下面说法哪一个是正确的?(　　)

A. 一台计算机能由硬盘启动,但不能由 U 盘启动

B. 有些计算机病毒并不破坏程序和数据而是占用磁盘存储空间

C. 计算机病毒不会损坏硬件

D. 可执行文件的长度变长,则该文件有可能被病毒感染

(12) 按寄生方式分类,计算机病毒的类型有哪几种?(　　)

A. 文件型　　　　B. 引导型　　　　C. 操作型　　　　D. 复合型

A.1.4　Windows 知识

1. 单项选择题

(1) Windows 桌面指的是什么?(　　)

　　A. 办公桌面　　　　　　　　　　B. 文档窗口

　　C. 活动窗口　　　　　　　　　　D. 启动后的全屏幕

(2) 桌面上的图标可以用来表示什么?(　　)

　　A. 最小化的窗口　　　　　　　　B. 关闭的窗口

　　C. 文件、文件夹或快捷方式等　　　D. 无意义

(3) 可以将任务栏拖动到什么位置?(　　)

　　A. 桌面横向中部　　　　　　　　B. 桌面纵向中部

　　C. 桌面四个边缘位置均可　　　　D. 任意位置

(4) 任务栏上的应用按钮被按下时,是什么状态?(　　)

　　A. 最小化的窗口　　　　　　　　B. 当前活动窗口

　　C. 最大化最小化窗口　　　　　　D. 以上都不是

(5) 在菜单中前面有"√"标记的项目表示什么?(　　)

　　A. 复选选中　　　B. 单选选中　　　C. 有级联菜单　　　D. 有对话框

(6) 在菜单中,前面有"●"标记的项目表示什么?(　　)

　　A. 复选选中　　　　B. 单选选中　　　　C. 有子菜单　　　　D. 有对话框

(7) 在菜单中,前面有"▶"标记的命令表示什么?(　　)

　　A. 开关命令　　　　B. 单选命令　　　　C. 有级联菜单　　　D. 有对话框

(8) 在菜单中,前面有"…"标记的项目表示什么?(　　)

　　A. 开关命令　　　　B. 单选命令　　　　C. 有子菜单　　　　D. 有对话框

(9) 窗口标题栏最左边的小图标表示什么?(　　)

　　A. 工具按钮　　　　　　　　　　　B. 开关按钮

　　C. 开始按钮　　　　　　　　　　　D. 应用程序控制菜单

(10) 计算机启动时,若要调用启动菜单,应按哪个键?(　　)

　　A. Esc 键　　　　B. F1 键　　　　C. F8 键　　　　D. F4 键

(11) 快捷方式的确切含义是什么?(　　)

　　A. 特殊文件夹　　　　　　　　　　B. 特殊磁盘文件

　　C. 各类可执行文件　　　　　　　　D. 指向某对象的指针

(12) 树形目录结构的各级目录,对应 Windows 中的什么?(　　)

　　A. 文件　　　　B. 文件夹　　　　C. 快捷方式　　　　D. 快捷菜单

(13) 在 Windows 中,每运行一个应用程序意味着什么?(　　)

　　A. 创建一个快捷方式　　　　　　　B. 打开一个应用程序窗口

　　C. 在开始菜单中添加一项　　　　　D. 创建一个文件夹

(14) 剪贴板是在什么地方开辟的一个特殊的存储区域?(　　)

　　A. 硬盘　　　　B. 外存　　　　C. 内存　　　　D. 窗口

(15) 剪贴板中临时存放什么?(　　)

　　A. 被删除的文件的内容　　　　　　B. 用户曾进行的操作序列

　　C. 被复制或剪切的内容　　　　　　D. 文件的格式信息

(16) 回收站是什么?(　　)

　　A. 硬盘上的一个文件　　　　　　　B. 内存中的一个特殊存储区域

　　C. 缓存中的一个文件夹　　　　　　D. 硬盘上的一个文件夹

(17) 放入回收站的内容可如何进一步处理?下列哪个说法正确?(　　)

　　A. 不能再被删除了　　　　　　　　B. 只能被恢复到原处

　　C. 可以直接编辑修改　　　　　　　D. 可以真正删除

(18) 控制面板是什么?(　　)

　　A. 硬盘系统区的一个文件　　　　　B. 硬盘上的一个文件夹

　　C. 内存中的一个存储区域　　　　　D. 一组系统管理程序

(19) 控制面板上显示的图标数目与什么有关?(　　)

　　A. 与系统安装无关　　　　　　　　B. 与系统安装有关

　　C. 随应用程序的运行变化　　　　　D. 不随应用程序的运行变化

(20) 下列哪一项工作是在资源管理器窗口内不能完成的?(　　)

　　A. 格式化 U 盘　　　　B. 复制文件　　　　C. 创建快捷方式　　　　D. 调整任务栏

（21）在 Windows 下，双击"控制面板"中的图标，可以用来设置屏幕保护程序。（   ）

    A. 系统   B. 辅助选项   C. 显示   D. 个性化

（22）关于 Windows，以下四项描述中，不正确的选项是（   ）。

    A. 在"控制面板"中打开"鼠标"图标，用户可以在弹出的"鼠标属性"对话框中设置鼠标的左右手使用习惯

    B. 在"控制面板"中打开"鼠标"图标，用户可以在弹出的"鼠标属性"对话框中设置鼠标单击的速度

    C. 在"控制面板"中打开"鼠标"图标，用户可以在弹出的"鼠标属性"对话框中设置鼠标双击的速度

    D. 在"控制面板"中打开"鼠标"图标，用户可以在弹出的"鼠标属性"对话框中设置鼠标光标的形状

（23）Windows 用来进行硬件驱动程序的安装和删除的是（   ）。

    A. "附件"组   B. 输入法   C. 状态栏   D. 控制面板

（24）Windows 部分附件工具没安装，最合理的解决方法应进行（   ）。

    A. 重装 Windows   B. 设置工具栏

    C. 设置显示器   D. "控制面板"中的"程序和功能"

（25）在 Windows 中，不能设置显示器的分辨率的操作是（   ）。

    A. 通过"附件"菜单下的"系统工具"选项内选定

    B. 通过"资源管理器"下的"控制面板"选项内选定

    C. 在 Windows 桌面下的空白处单击鼠标右键，利用"个性化"选项选定

    D. 通过"开始"菜单中"设置"下的"控制面板"选项内选定

（26）在 Windows 中，要安装打印机驱动程序，需要做的操作是（   ）。

    A. 将打印机连接好，重新启动 Windows 系统即可

    B. 利用"控制面板"下的"设备和打印机"进行操作

    C. 通过重新安装 Windows 系统设定

    D. Windows 系统中无须安装打印机驱动程序就可以打印

（27）若需重新设置 Windows 系统的日期和时间，通常可以利用下列哪个中的选项？（   ）

    A. 控制面板   B. 附件   C. 我的文档   D. 网络

2. 多项选择题

（1）关于文件系统，下面的哪一个说法正确呢？（   ）

    A. 文件是一组信息的集合

    B. 文件系统是全部文件的集合

    C. 目录结构是操作系统管理文件的一种方式，通常采用树形目录结构

    D. 树形目录结构在根目录下面可有若干父目录，再下面则是子目录

（2）关于目录结构，下面哪一个说法是正确的？（   ）

    A. 在 Windows 中，各级目录称为"文件夹"

    B. 对于同一个根目录下的各级文件夹，不允许有相同的名称

C. 除了根目录之外,任何一个文件夹中即可以有文件,也可以有文件夹

D. 不同文件夹中的文件可以有相同的文件名

(3) 关于文件名,下面哪一个说法是正确的?(　　　)

A. 在一个文件夹内,ABC.dos 文件与 abC.Doc 文件可以作为两个文件同时存在

B. 在 Windows 中文版中,可以使用汉字文件名

C. 给一个文件命名时,不可以使用通配符,但同时给一批文件命名时,可以使用

D. 给一个文件命名时,可以不使用扩展名

(4) 关于文件名,下面哪一个说法是正确的?(　　　)

A. 一个文件夹中可以有与该文件夹同名的文件

B. 一个文件夹中,允许文件与其同级的文件夹同名

C. 在同一 U 盘上,不允许有同名的文件,在不同的 U 盘上则可以

D. 给文件命名时必须使用扩展名

(5) 关于 Windows 的桌面,下述哪些说法是正确的?(　　　)

A. 通过"计算机"图标可以浏览和使用所有的计算机资源

B. "计算机"是一个文件夹

C. "回收站"用于存放被删除的对象,置于"回收站"中的对象不能再被删除

D. 用户可以在桌面上添加图标,以代表自己的文档、文件夹或快捷方式

(6) 关于 Windows 桌面上的图标,下述哪些说法是正确的?(　　　)

A. 每个图标由两部分组成,一个是图标的图案,另一个是图标的标题

B. 图标的图案是不可以改变的

C. 图标的名称是可以改变的

D. 图标的位置不可以移动

(7) 在桌面上可以对图标进行哪些操作?(　　　)

A. 移动图标的位置　　　　　　　　　B. 自动排列图标

C. 改快捷方式为文件夹　　　　　　　D. 改变图标图案

(8) 关于窗口按钮,下述哪些说法是正确的?(　　　)

A. 单击窗口"最小化"按钮,该窗口将被关闭

B. 单击窗口"最大化"按钮,该窗口充满全屏

C. 单击窗口"最小化"按钮,任务栏上的该窗口按钮被取消

D. 单击窗口"还原"按钮,任务栏上的该窗口按钮仍存在,但处于弹起状态

(9) 关于滚动条,下述说法哪些是正确的?(　　　)

A. 当窗口工作区容纳不下要显示的内容时,就会出现滚动条

B. 同一窗口中可同时出现垂直滚动条和水平滚动条

C. 滚动块位置反映窗口信息所在相对位置,长短表示窗口信息占全部信息的
   比例

D. 滚动条可以通过设置取消

(10) 关于选定文件夹和文件,下述哪些说法是正确的?(　　　)

A. 对某个对象进行复制、改名等操作前,必须先选定该对象

B. 一次可以选定多个对象,同时进行不同的操作

C. 对象一旦选定,无法取消选定

D. 一次可以选定多个对象同时进行改名

(11) 有关剪贴板,哪些说法是正确的?(　　　)

　　A. 计算机只有一个剪贴板

　　B. 剪贴板的内容不能多次粘贴

　　C. 剪贴板上可以存放文本或是图形

　　D. 使用"剪切"或"复制"命令可以把有关对象放到剪贴板上

(12) 有关剪贴板,哪些说法是正确的?(　　　)

　　A. 利用剪贴板可以实现一次剪切,多次粘贴的功能

　　B. 利用剪贴板可以实现文件或文件夹的复制和移动,但不适合用于快捷方式

　　C. 复制或剪切新内容时,剪贴板上的旧信息将被覆盖

　　D. 退出应用程序窗口时,剪贴板上信息自动丢失

(13) 有关文件快捷方式,哪些说法是正确的?(　　　)

　　A. 快捷方式不是程序本身,但双击快捷方式图标却可以执行该程序

　　B. 快捷方式可放在桌面上,而文件本身不可以放在桌面上

　　C. 创建快捷方式对原对象无影响

　　D. 删除快捷方式就会删除程序本身

(14) 在哪些位置上可以创建文件快捷方式?(　　　)

　　A. 桌面上　　　　　　B. 文本文件中　　　　C. 文件夹中　　　　　D. 计算机窗口

(15) 删除文件和文件夹,哪些说法是正确的?(　　　)

　　A. 被删除的对象在窗口中仍存在

　　B. 被删除的对象可以不放入回收站而直接从磁盘上彻底清除

　　C. 被删除的对象可以保留在回收站里,但这些对象只能恢复到原来位置,不能
再删除

　　D. 被送入回收站中的对象可以复制或移动到任意位置

(16) 有关"回收站",哪些说法是正确的?(　　　)

　　A. "回收站"是出现在桌面上的基本图标之一

　　B. "回收站"的功能是存放被人们删除的对象

　　C. "回收站"中的对象可以按原来的属性和设置恢复到原来的位置

　　D. U 盘中删除的文件和目录也被移到"回收站"

(17) 对文件改名,哪些说法是正确的?(　　　)

　　A. 文件夹不能改名,只可以对文件改名

　　B. 文件改名后,原文件名被放入"回收站",可以自动恢复原名

　　C. 文件改名后,对文件内容没有任何影响

　　D. 在"命令符"窗口中创建的文件在 Windows 中不能改名

(18) 关于"控制面板",哪些说法是正确的?(　　　)

A. "控制面板"是一组系统管理程序

B. 使用"控制面板"中的相应程序可以安装和删除软件

C. "控制面板"只能从"开始菜单"中打开

D. "控制面板"中图标的数目多少与系统安装的软件、硬件及其配置无关

(19) 有关帮助信息的说法正确的有哪些?（　　）

A. Windows 的帮助信息只有"怎样做"提示,而没有相关概念(什么是…)讲解

B. 从应用程序窗口(Word、Excel 等)可以获取 Windows 系统的帮助信息

C. 大多情况下按 F1 都可以获取帮助信息

D. 在应用程序窗口中(Word、Excel)按 F1 可以获取应用程序专用的帮助信息

(20) 判断图标是否为快捷方式,哪些说法是正确的?（　　）

A. 从图标的名称上可以判断快捷方式

B. 可以打开该图标的属性对话框进行判断

C. 一般情况下快捷方式图标上有箭头标志

D. 无法判断,只有试用

A.1.5 网络基本知识

1. 单项选择题

(1) 计算机网络中,哪一部分负责数据传输和通信处理的?（　　）

    A. 计算机　　　　　B. 通信子网　　　　C. 资源子网　　　　D. 网卡

(2) 计算机网络中,哪一部分负责数据处理和向网络用户提供资源及网络服务?（　　）

    A. 计算机　　　　　B. 通信子网　　　　C. 资源子网　　　　D. 网卡

(3) 将分散的计算机与通信设备互连后,再安装什么项目才能构成计算机网络系统?（　　）

    A. 应用软件　　　　B. 网络软件　　　　C. 专用打字机　　　D. 专用存储系统

(4) 如何正确描述计算机网络系统中每台计算机的地位?（　　）

    A. 相互控制的　　　B. 相互制约的　　　C. 各自独立的　　　D. 毫无联系的

(5) 计算机网络中,关于计算机之间通信的约定和规则称为什么?（　　）

    A. 网络适配器　　　B. 网络协议　　　　C. 网络传输介质　　D. 网络交换设备

(6) 计算机网络协议是什么?（　　）

    A. 用户操作规范　　　　　　　　　　B. 硬件电气规范

    C. 通信规则或约定　　　　　　　　　D. 程序设计语法

(7) 下列哪一个不是网络能实现的?（　　）

    A. 数据通信　　　　B. 资源共享　　　　C. 负荷均衡　　　　D. 交换硬件

(8) 计算机网络系统中的资源可分为三大类,除了软件资源,还有什么?（　　）

    A. 设备资源　　　　B. 程序资源　　　　C. 数据资源　　　　D. 文件资源

(9) 下列哪一个符合计算机广域网?（　　）

    A. 企业网　　　　　B. 国家网　　　　　C. 校园网　　　　　D. 都不符合

(10) 下列哪一个符合计算机局域网？（　　　）

  A. 企业网   B. 国家网   C. 城市网   D. 因特网

(11) 下列哪一个是计算机网络的传输介质？（　　　）

  A. 网卡   B. 服务器   C. 集线器   D. 激光信道

(12) 因特网上只有正式计算机用户才能具有的项目是哪一个？（　　　）

  A. E-Mail 地址   B. 网卡

  C. TPC/IP 协议   D. IP 地址

(13) IP 的中文含义是什么？（　　　）

  A. 信息协议   B. 内部协议

  C. 传输控制协议   D. 网络互联协议

(14) IP 地址按节点计算机所在的网络规模的大小进行分类，常用的是哪几类？（　　　）

  A. AB 两类   B. ABC 三类

  C. ABCD 四类   D. ABCDE 五类

(15) 主机域名 PUBLIC.TPT.TJ.CN 由四个子域组成，其中哪一个表示计算机名？

（　　　）

  A. CN   B. TJ   C. TPT   D. PUBLIC

(16) 因特网向用户提供服务的主要模式是哪一种？（　　　）

  A. 分层结构   B. 子网结构

  C. 模块结构   D. 客户机/服务器模式

(17) 电子邮件是什么？（　　　）

  A. 有一定格式的通信地址   B. 以磁盘为载体的电子信件

  C. 网上一种信息的交换的通信方式 D. 计算机硬件的地址

(18) 利用 FTP 功能可以在网上实现什么？（　　　）

  A. 只传输文本文件

  B. 只传输二进制码格式的文件

  C. 可以传输任何类型的文件

  D. 传输直接从键盘上输入的数据，不是文件

(19) 将一台用户主机以仿真终端方式登录到一个远程的分时计算机系统，称为什么？（　　　）

  A. 浏览   B. FTP   C. 链接   D. 远程登录

(20) 可以接受远程登录的计算机应具备什么条件？（　　　）

  A. 可以是任何主机   B. 必须是分时计算机系统

  C. 必须是大型计算机   D. 必须运行 Windows 操作系统

(21) 因特网上用户最多、使用最广的服务是什么？（　　　）

  A. News   B. WWW   C. FTP   D. Telnet

(22) 网络主机的 IP 地址由几位二进制数字组成？（　　　）

  A. 8 位   B. 16 位   C. 32 位   D. 64 位

(23) 以下各项哪一个主机域名的写法是正确的？（　　　）

A. PUBLIC.TJU.NET.CN

B. 100111(10)111000(11)01100100.00001100

C. 202.2(10)198.2

D. WHO@XYZ.UVW.COM

(24) 主机 IP 地址和主机域名是什么关系？（　　　）

    A. 两者完全是一回事　　　　　　　　B. 必须是一一对应

    C. 一个 IP 地址可对应多个域名　　　　D. 一个域名可以对应多个 IP 地址

(25) 当今个人用户接入因特网的主要方式是哪一个？（　　　）

    A. 虚拟拨号　　　　　　　　　　　　B. 主机方式

    C. 局域网方式　　　　　　　　　　　D. 仿真终端方式

(26) 哪一个是中国教育科研网？（　　　）

    A. CHINANET　　　　　　　　　　　B. CERNET

    C. CSTNET　　　　　　　　　　　　D. CEINET

2. 多项选择题

(1) 关于计算机网络,以下说法哪个正确？（　　　）

    A. 网络就是计算机的集合

    B. 网络可提供远程用户共享网络资源,但可靠性很差

    C. 网络是通信、计算机和微电子技术相结合的产物

    D. 当今世界规模最大的网络是因特网

(2) 计算机网络由哪两部分组成？（　　　）

    A. 通信子网　　　　　　　　　　　　B. 计算机

    C. 资源子网　　　　　　　　　　　　D. 数据传输介质

(3) 下列哪几个是资源子网中的数据处理设备？（　　　）

    A. 同轴电缆　　　　　　　　　　　　B. 磁盘存储器

    C. 监控设备　　　　　　　　　　　　D. 计算机或智能终端

(4) 关于计算机网络的主要特征,以下说法哪个正确的？（　　　）

    A. 计算机及相关外部设备通过通信媒体互连在一起,组成一个群体

    B. 网络中任意两台计算机都是独立的,它们之间不存在主从关系

    C. 不同计算机之间的通信应有双方必须遵守的协议

    D. 网络中的软件和数据可以共享,但计算机外部设备不能共享

(5) 关于计算机网络的分类,以下说法哪个正确的？（　　　）

    A. 按网络拓扑结构划分:有总线型、环型、星型和树型等

    B. 按网络覆盖范围和计算机的连接距离划分:有局域网和广域网

    C. 按传送数据所用的结构和技术划分:有资源子网和通信子网

    D. 按通信传输介质划分:有低速网、中速网和高速网

(6) 计算机网络的主要功能是什么？（　　　）

    A. 计算机之间的互相制约

    B. 数据通信和资源共享

C. 提高系统可靠性

D. 将负荷均匀地分配给网上各计算机系统

(7) 网络通信协议通常由哪几部分组成？（　　　）

    A. 语义　　　　　　　B. 语法　　　　　　　C. 标准　　　　　　　D. 变换规则

(8) 网络通信协议的层次结构有哪些特征？（　　　）

    A. 每一层都规定有明确的任务和接口标准

    B. 除最底层外，每一层都向上层提供服务，又是下一层的用户

    C. 用户的应用程序作为最高层

    D. 物理通信线路在第二层，是提供服务的基础

(9) 关于计算机网络，以下说法哪个正确？（　　　）

    A. 网络传输介质分为有线和无线，有线介质主要有同轴电缆、红外线和光缆

    B. 网络节点间进行通信所遵从的规则称为协议

    C. 局域网中只能有一个服务器，PC 在安装系统软件后也可作为服务器

    D. 无论是服务器或客户机，它们组成局域网时，均需要各自安装一块网卡

(10) 网络按照传送数据所用的结构和技术可划分为什么网？（　　　）

    A. 交换网　　　　　　B. 广播网　　　　　　C. 资源网　　　　　　D. 分组网

(11) 哪些信息可以在因特网上传输？（　　　）

    A. 声音　　　　　　　B. 图像　　　　　　　C. 文字　　　　　　　D. 普通邮件

(12) 关于因特网的域名管理和 IP 地址分配的正确说法是哪几个？（　　　）

    A. 凡是上因特网的用户都有自己独立的 IP 地址

    B. 计算机域名为：计算机主机名、机构名、网络名、最高层域名

    C. 域名用文字表达比用数字表达的 IP 地址容易记忆

    D. 目前因特网的 IP 地址共 64 个二进制位

(13) 关于域名，下列哪些说法是正确的？（　　　）

    A. 域名与 IP 地址有一一对应关系，各种服务器都可以提供两者之间的转换
      服务

    B. 计算机域名的格式是：主机名、机构名、网络名、最高层域名

    C. 最高层域名代表主机所在的国家

    D. 网络中的 edu 表示教育机构，com 表示政府机构

(14) 关于 E-mail 的正确说法是哪几个？（　　　）

    A. 电子邮件系统的主要功能是：收发和处理电子邮件

    B. 要接收电子邮件，所用的计算机必须有 IP 地址

    C. 一般不能将一个电子邮件发送给多个接收者

    D. 信箱地址是由一个字符串组成，该字符被"@"分成两部分

(15) 因特网提供的基本服务及其英文表示正确的有哪些？（　　　）

    A. 远程登录(FTP)　　　　　　　　　　B. 文件传输(Telnet)

    C. 电子邮件(E-Mail)　　　　　　　　D. 万维网(WWW)

(16) 计算机局域网有哪些特点？（　　　）

A. 连接距离短　　　　　　　　B. 数据传输速率高,误码率也较高

C. 网络连接方式少,但协议复杂　　D. 与因特网相比,资源有限

(17) 计算机局域网络具有哪些功能?（　　　）

A. 数据通信　　　B. 资源共享　　　C. 电子商务　　　D. 电力传输

(18) 一台计算机若想实现网络通信,必须具备哪些软件和硬件条件?（　　　）

A. 网络接口卡　　B. 网络协议　　　C. 打印机　　　　D. 读写光盘

3. 填空题

(1) Internet 的域名 www.qdu.edu.cn 中,cn 表示＿＿＿＿＿＿＿。

(2) 按网络的连接范围分类,一般可将网络由小到大分为＿＿＿＿＿＿＿域网、城域网和广域网。

(3) 调制解调器的作用是对计算机的数字信号和通信线路的＿＿＿＿＿＿＿信号进行相互转换。

(4) Internet 网在通信中主要使用的网络协议是 TCP/＿＿＿＿＿＿＿协议。

(5) 在 Internet 的用户域名描述中,子域名 tw 表示中国台湾地区域名、＿＿＿＿＿＿＿表示中国国家域名。

(6) 在 Internet 的用户域名描述中,子域名 com 表示是公司机构、＿＿＿＿＿＿＿表示是政府机构。

(7) 中国 Internet 主干网称为 CHINANET,中国教育和科研网称为＿＿＿＿＿＿＿。

(8) 中国 Internet 主干网称为 CHINANET,中国金桥网称为＿＿＿＿＿＿＿。

(9) 利用 Internet 各项技术创建起来的企业内部的计算机信息网络称为＿＿＿＿＿＿＿。

(10) Internet 中的 HTTP 是一种超文本传输＿＿＿＿＿＿＿。

(11) URL 的基本格式由＿＿＿＿＿＿＿、主机的 IP 地址或域名和主机上的路径三部分组成。

(12) 在 Internet 中,qdu.edu.cn 是一个域名,211.64.164.2 是一个 IP ＿＿＿＿＿＿＿。

(13) 在 Internet 中,传输文件使用的是＿＿＿＿＿＿＿协议。

(14) 局域网的英文简称是＿＿＿＿＿＿＿。

(15) 计算机技术和＿＿＿＿＿＿＿技术相结合产生了计算机网络。

(16) 计算机网络中常用的有线通信介质有同轴电线、＿＿＿＿＿＿＿和光纤。

(17) 如果你的计算机已接入 Internet,用户入网账号名为 ZhangSan,而连接的服务商的邮件服务器的主机域名为 qdu.edu.cn,邮件服务器账号名为 zhanghai,则你的 E-mail 地址应该是＿＿＿＿＿＿＿。

(18) 计算机局域网所采用的拓扑结构主要有＿＿＿＿＿＿＿型、星型、环型和树型。

(19) 互联网上的服务都是基于一种协议,WWW 服务基于＿＿＿＿＿＿＿协议。

(20) 因特网为联网的每个网络和每台主机都分配了一个用数字和小数点表示的地址,它称为＿＿＿＿＿＿＿地址。

(21) Modem 的中文名称是＿＿＿＿＿＿＿。

A.2 上机操作题

A.2.1 Windows 操作题

1. 在考生文件夹下存在以下目录及文件结构(用中括号括起来的是文件夹,否则为文件)。

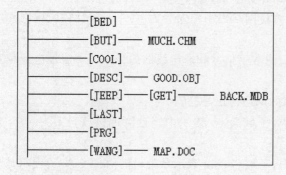

请完成下列操作:

(1) 将考生文件夹下 WANG 文件夹中的文件 MAP.DOC 删除。

(2) 在考生文件夹下 PRG 文件夹中创建一个名为 A. DOC 的新文件。

(3) 将考生文件夹下 DESC 文件夹中的文件 GOOD. OBJ 设置为只读和隐藏属性。

(4) 将考生文件夹下 BUT 文件夹中的文件 MUCH.CHM 移动到考生文件夹下的 LAST 文件夹中,并将文件名改为 BEFOR.PRG。

(5) 将考生文件夹下 JEEP\GET 文件夹中的文件 BACK.MDB 复制到考生文件夹下 BED 文件夹中。

(6) 将考生文件夹下的 COOL 文件夹更名为 VERY.JSP。

(7) 在考生文件夹下 PRG 文件夹中创建一个名为 ABC 的文件夹。

2. 在考生文件夹下存在以下目录及文件结构(用中括号括起来的是文件夹,否则为文件)。

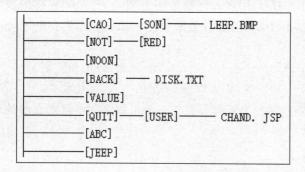

请完成下列操作:

（1）将考生文件夹下 GAO\SON 文件夹中的文件 LEEP.BMP 更名为 BULE.MAP。

（2）在考生文件夹下 NOT 文件夹中的文件夹 RED 复制到考生文件夹下 NOON 文件夹中。

（3）将考生文件夹下 BACK 文件夹中的文件 DISK.TXT 设置为只读属性。

（4）在考生文件夹下 VALUE 文件夹中创建一个名为 BACK 的新文件夹。

（5）将考生文件夹下 QUIT\USER 文件夹中的文件 CHAND.JSP 移动到考生文件夹下 ABC 文件夹中，并改名为 BLACK.MDB。

（6）为文件 DISK.TXT 创建名为 DISK 的快捷方式，并将快捷方式放于考生文件夹中。

3. 在考生文件夹下存在以下目录及文件结构（用中括号括起来的是文件夹，否则为文件）。

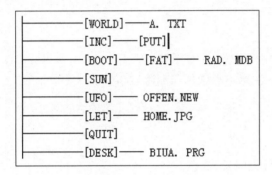

请完成下列操作：

（1）将考生文件夹下 WORLD 文件夹中的文件 A.TXT 删除。

（2）在考生文件夹下 INC\PUT 文件夹中创建一个名为 PPP 的新文件夹。

（3）将考生文件夹下 BOOT\FAT 文件夹中的文件 RAD.MDB 复制到考生文件夹下 SUM 文件夹中。

（4）将考生文件夹下 UFO 文件夹中的文件 OFFEN.NEW 设置成只读属性。

（5）将考生文件夹下 LET 文件夹中的文件 HOME.JPG 移动到考生文件夹下 QUIT 文件夹中，并改名为 BOOK.JEP。

（6）将考生文件夹下 DESK 文件夹中的文件 BIUA.PRG 更名为 SOFT.JSP。

4. 在考生文件夹下存在以下目录及文件结构（用中括号括起来的是文件夹，否则为文件）。

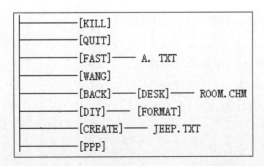

请完成下列操作：

（1）将考生文件夹下 FAST 文件夹中 A. TXT 文件设置成只读、隐藏属性。

（2）将考生文件夹下 QUIT 文件夹移动到考生文件夹下 FAST 文件夹中，并改名为 SUNE。

（3）将考生文件夹下 WANG 文件夹更名为 LIUIS.HML。

（4）将考生文件夹下 BACK\DESK 文件夹中的文件 ROOM.CHM 移动到考生文件夹 DIY\FORMAT 文件夹中。

（5）将考生文件夹下 CREATE 文件夹中的 JEEP.TXT 文件删除。

（6）在考生文件夹创建一个名为 TEST 的文件夹。

（7）在考生文件下 PPP 文件夹中创建一个名为 B. TXT 的文本文件，内容为 1234。

A.2.2　Word 操作题

Word 操作题所需的 Word 文档请从计算中心主页下载。

1. 请对"1.DOC"文件进行以下操作，注意不得增加与删除段落。

（1）将标题居中。

（2）设置标题，字体为黑体，字号为 39 号，红色。

（3）将作者姓名设为带双下画线。

（4）设置正文，字体为华文行楷，字号为四号，蓝色。

（5）将正文首行缩进设置为 2cm（注意单位是 cm）。

（6）设置页边距为：上、下、左、右都为 2.5cm。

（7）设置页眉距边界距离为 1cm。

（8）将正文最后一段行间距设为 2.5 倍行距。

2. 请对"2.DOC"文件进行以下操作，注意不得增加与删除段落。

（1）将标题段、作者姓名段居中。

（2）设置标题，字体为宋体，字号为二号，红色。

（3）将作者姓名子标题设为带下画线且为双波浪线，斜体。

（4）将正文首行缩进设置为 1.5cm（注意单位是 cm）。

（5）将正文最后一段段前距设置为 1 行（注意单位是行）。

（6）设置纸张是 B5。

3. 请对"3.DOC"文件进行以下操作，注意不得增加与删除段落。

（1）将作者名字右对齐。

（2）设置标题，字体为宋体，字号为 80，红色，带双下画线。

（3）将正文左缩进 1cm（注意单位是 cm）。

（4）将最后一段正文行间距设为 2.5 倍行距。

（5）设置页眉距边界的尺寸是 2cm。

（6）将上下左右页边距都设为 3cm。

4. 请对"4.DOC"文件进行以下操作,注意不得增加与删除段落。

(1) 将标题和作者名字居中。

(2) 设置标题,字体为宋体,字号为 82 号,红色,带下画线且为波浪线。

(3) 设置页面的页边距为:上边距为 2cm,下边距为 3cm,左为 3.6cm,右为 1.0cm。

(4) 设置正文,字体为华文行楷。

(5) 将正文行间距设为固定值 30 磅。

(6) 自定义页眉,内容为"古代诗歌集"。

(7) 设置页眉距边界距离为 1cm。

5. 请对"5.DOC"文件进行以下操作,注意不得增加与删除段落。

(1) 将标题和作者名字居中。

(2) 设置标题,字体为黑体,字号为小二,黄色,带双下画线。

(3) 设置页面的页边距为:上边距为 4cm,下边距为 4cm,左为 3cm,右为 3cm。

(4) 设置正文,字体为宋体,斜体。

(5) 自定义页脚,页脚内容为"古代诗歌集"。

(6) 设置页脚距边界距离为 1cm。

6. 请对"6.DOC"文件进行以下操作,注意不得增加与删除段落。

(1) 将标题居中。

(2) 设置标题,字体为黑体,字号为 82 号,蓝色,带下画线。

(3) 设置页面的页边距为:上边距为 4cm,下边距为 4cm,左为 3cm,右为 3cm。

(4) 设置正文,字体为宋体,加粗。

(5) 将正文段后间距设置为 1 行(注意单位是行)。

(6) 将最后一段行间距设为固定值 30 磅。

7. 请对"7.DOC"文件进行以下操作,注意不得增加与删除段落。

(1) 将标题居中。

(2) 设置标题,字体为宋体,字号为 25 号,蓝色,带下画线且为双波浪线。

(3) 设置页面的页边距为:上边距为 3cm,下边距为 3cm,左为 30 磅,右为 20 磅。

(4) 设置正文,字体为宋体,加粗。

(5) 将正文段后间距设置为 1 行(注意单位是行)。

(6) 设置正文首行缩进 1cm(注意单位是 cm)。

8. 请对"8.DOC"文件进行以下操作,注意不得增加与删除段落。

(1) 将标题居中。

(2) 设置标题,字体为宋体,字号为 25 号,红色,带双下画线。

(3) 设置页面的页边距为:上边距为 3cm,下边距为 3cm,左为 40 磅,右为 30 磅。

(4) 设置正文,字体为加粗,蓝色。

(5) 设置正文为悬挂缩进 1cm。

(6) 设置正文段后间距为 1 行(注意单位为行)。

(7) 自定义页眉,内容为"软件说明"。

9. 请对"9.DOC"文件进行以下操作,注意不得增加与删除段落。

(1) 将标题居中。

(2) 设置标题,字体为宋体,字号为 33 号,红色,带下画线且为双波浪线。

(3) 设置正文字体为宋体,斜体。

(4) 自定义页脚,内容为"鼠标的使用"。

(5) 设置页脚距边界距离为 1cm。

(6) 设置正文左行缩进 1cm(注意单位是 cm)。

(7) 设置正文最后一段行间距为 2.5 倍行距。

10. 请对"10.DOC"文件进行以下操作,注意不得增加与删除段落。

(1) 将标题居中。

(2) 设置标题,字体为黑体,字号为 23 号,红色,带双下画线。

(3) 设置正文,字体为加粗,蓝色。

(4) 将正文首行缩进 1cm。

(5) 将正文段后间距设为 1 行(注意单位为行)。

(6) 将正文最后一段行距设为固定值 20 磅。

(7) 自定义页眉,内容为"磁盘分区介绍"。

(8) 设置页眉距边界距离为 1cm。

A.2.3　Excel 操作题

1. 请对工作表 Sheet1 进行以下操作。

学生成绩表

学号	姓名	计算机	高等数学	英语
4060101	张三	78	64	88
4060102	李四	89	56	78
4060103	王五	61	74	77
4060104	钱六	70	45	87
4060105	孙秋	88	90	92

(1) 标题"学生成绩表"字体设成黑体,加双下画线。

(2) 将 A1 单元格设置成自动换行。

(3) 将姓名列水平对齐方式设成靠左对齐,缩进 1。

(4) 在最后增加一列"平均成绩",使用函数计算平均成绩,函数中必须使用相对地址。

(5) 将"学号"列数字类型设成"文本"型。

(6) 以平均成绩为关键字,进行从大到小排序。

2.请对工作表 Sheet1 进行以下操作。

课时表

教师	每周课时	周数	总课时
张三	38	20	
李四	38	20	
钱六	38	20	
孙秋	38	20	
合计			0

(1) 将 A3:D8 内的单元格水平对齐方式设置为居中。

(2) 设置 A3:D8 内的字体为黑体,字体大小为 13 号,设置 A3:D3 内的字型为加粗。

(3) 利用公式使得:每人的总课时＝每周课时 * 周数,所有公式必须都用相对地址。

(4) 设置 D2 的数据为日期型,日期为"2006 年 12 月 31 日"。

(5) 将 A1:D1 内的单元格跨列居中。

3.请对工作表 Sheet1 进行以下操作。

学生成绩表

学号	姓名	计算机	高等数学	英语
4060101	张三	78	64	88
4060102	李四	89	56	78
4060103	土五	61	74	77
4060104	钱六	70	45	87
4060105	孙秋	88	90	92

(1) 设置标题"学生成绩表"的字体为黑体,字号为 13 号。

(2) 将单元格 A1:F1 合并成一个单元格,水平对齐方式设为居中。

(3) 在最后增加一列"平均成绩",使用函数计算平均成绩,函数必须使用相对地址。

(4) 将"学号"列数字类型设置为成"文本"型。

(5) 将表格加上边框线,边框线颜色为红色。

4.请对工作表 Sheet1 进行以下操作。

学生成绩表

学号	姓名	计算机	高等数学	英语
4060101	张三	78	64	88
4060102	李四	89	56	78
4060103	王五	61	74	77
4060104	钱六	70	45	87
4060105	孙秋	88	90	92

（1）设置标题"学生成绩表"的字号为 15 号,加粗。

（2）将单元格 A1:F1 水平对齐方式设为跨列居中。

（3）在最后增加一列"总成绩",使用函数计算总成绩,函数中必须使用相对地址。

（4）将 C3:F7 单元格数字类型设置为"数字"型,保留两位小数。

（5）将除标题行外所有行高设为 16,成绩列宽设为 9。

5. 请对工作表 Sheet1 进行以下操作。

借书登记表

借书证号	姓名	书籍名称	借书日期	还书日期
QU6811	赵伯逊	《资治通鉴》	2006-10-1	2006-12-1
QU6811	钱仲武	《三国志》	2006-11-2	2007-1-4
QU6732	孙叔逸	《后汉书》	2006-10-8	2006-11-10
QU8787	李季杰	《史记》	2006-9-4	2006-12-14
QU9898	周幼雄	《古文观止》	2006-12-8	2006-12-31

（1）设置标题"借书登记表"的字号为 13 号,双下画线。

（2）合并单元格 A1:F1,将水平对齐方式设为居中。

（3）在最后增加一列"借书天数",使用公式计算借书天数,公式中必须使用相对地址。

（4）将"借书天数"列数字类型设置为"数字"型(格式为"−12(34) 10"),保留 0 位小数。

（5）将除标题行外的表格加上边框线,线型为粗线。

6. 请对工作表 Sheet1 进行以下操作。

借书登记表

借书证号	姓名	书籍名称	借书日期	还书日期
QU6811	赵伯逊	《资治通鉴》	2006-10-1	2006-12-1
QU6811	钱仲武	《三国志》	2006-11-2	2007-1-4
QU6732	孙叔逸	《后汉书》	2006-10-8	2006-11-10
QU8787	李季杰	《史记》	2006-9-4	2006-12-14
QU9898	周幼雄	《古文观止》	2006-12-8	2006-12-31

（1）设置标题"借书登记表"的字号为 15 号,字型加粗。

（2）将单元格 A1:F1,将水平对齐方式设为跨列居中。

（3）将"书名"列设为缩小字体填充。

（4）将"姓名"列底纹图案设为"细 对角线 剖面线",颜色设为"灰色-25％"。

（5）在最后增加一列"借书天数",使用公式计算借书天数,公式中必须使用相对地址。

(6) 将"借书天数"列数字类型设置为"数字"型（格式为"－12（34）10"），保留 0 位小数。

7. 请对工作表 Sheet1 进行以下操作。

学生成绩表

学号	姓名	计算机	高等数学	英语
4060101	张三	78	64	88
4060102	李四	89	56	78
4060103	王五	61	74	77
4060104	钱六	70	45	87
4060105	孙秋	88	90	92

(1) 设置标题"学生成绩表"的字号为 15 号。

(2) 将单元格 A1:F1 合并成一个单元格。

(3) 将整张表的垂直对齐方向设为居中。

(4) 将 A1 的文字方向设为斜向上 45°。

(5) 在最后增加一列"平均成绩"，使用函数计算平均成绩，函数中必须使用相对地址。

(6) 将"学号"列数字类型设置为"文本"型。

(7) 将表格加上边框线，边框线颜色为红色。

8. 请对工作表 Sheet1 进行以下操作。

学生成绩表

学号	姓名	计算机	高等数学	英语
4060101	张三	78	64	88
4060102	李四	89	56	78
4060103	王五	61	74	77
4060104	钱六	70	45	87
4060105	孙秋	88	90	92

(1) 设置标题"学生成绩表"的字号为 15 号，加双下画线。

(2) 将 A1 单元格设置成缩小字体填充。

(3) 将姓名列水平对齐方式设成靠左对齐，缩进 1。

(4) 在最后增加一列"平均成绩"，使用函数计算平均成绩，函数中必须使用相对地址。

(5) 将"学号"列数字类型设置为"文本"型。

(6) 以"姓名"与"平均成绩"为数据区域，"平均成绩"为系列插入一个簇状柱形图，柱形图的标题为"平均成绩图"，将图放于 A12:F27 中。

9. 请对工作表 Sheet1 进行以下操作。

产品销售额表

季度	分公司		
	北京分公司	上海分公司	广州分公司
第一季度	78952.2	88547.255	68547.566
第二季度	68472.8	75694.32	56478.27
第三季度	96547.264	99875.4	77845.322
第四季度	87542.345	88983.14	65874.29

(1) 设置标题"产品销售表"的字号为15号,加粗。

(2) 将 A1:D1 单元格合并。

(3) 标题水平对齐方式设为居中。

(4) 将 B2:D2 垂直对齐方式设为居中。

(5) 在最后增加一行"金额合计",使用函数计算合计销售额,函数中必须使用相对地址。

(6) 将销售额数据 B3:D7 设置为数值型,保留2位小数(数字格式为"-12(34)10"形式)。

(7) 将表格加上边框线。

10. 请对工作表 Sheet1 进行以下操作。

产品销售额表

季度	分公司		
	北京分公司	上海分公司	广州分公司
第一季度	78952.2	88547.255	68547.566
第二季度	68472.8	75694.32	56478.27
第三季度	96547.264	99875.4	77845.322
第四季度	87542.345	88983.14	65874.29

(1) 设置标题"产品销售表"的字体为"黑体",字号为15号。

(2) 将 A1:D1 单元格水平对齐方式设为跨列居中。

(3) 将 B2:D2 垂直对齐方式设为居中。

(4) 在最后增加一行"销售额合计",使用函数计算合计销售额,函数中必须使用相对地址。

(5) 将销售额数据 B3:D7 设为数值型,保留2位小数(数字格式为"-12(34)10"形式)。

(6) 以"分公司名"(A2:D2)与"销售额合计"(A7:D7)为数据区域,以"销售额合计"为系列插入一个簇状柱形图,图表标题为"分公司年度销售额图",最后将图放于A10:D25区域中。

B.1　计算机基础知识

1. 单项选择题

(1) B	(2) A	(3) B	(4) D	(5) D
(6) C	(7) C	(8) C	(9) A	(10) B
(11) A	(12) D	(13) A	(14) B	(15) D
(16) B	(17) B	(18) C	(19) A	(20) B
(21) D	(22) C	(23) D	(24) D	(25) D
(26) D	(27) B	(28) B	(29) A	(30) B
(31) C	(32) D	(33) D		

2. 多项选择题

(1) AD	(2) AB	(3) BCD	(4) AC	(5) BC
(6) D	(7) AC	(8) BD	(9) AB	(10) BD

3. 填空题

(1) CPU	(2) 128	(3) 裸机	(4) 内	(5) 2
(6) 激光	(7) 操作	(8) 执行	(9) 1	(10) 8
(11) 5	(12) 随机	(13) 1024	(14) 编译	(15) OS
(16) 1	(17) 128	(18) 软件	(19) H	(20) 二
(21) 7	(22) 控制器	(23) 控制器	(24) 应用	(25) 文件
(26) WORD	(27) 病毒	(28) 操作系统	(29) 地址	(30) 汇编
(31) 病毒				

B.2　计算机硬件知识

1. 单项选择题

(1) B	(2) B	(3) D	(4) A	(5) D
(6) A	(7) C	(8) D	(9) C	(10) C

(11) B	(12) B	(13) B	(14) D	(15) A
(16) A	(17) A	(18) B	(19) B	(20) C
(21) A	(22) B	(23) D	(24) D	(25) C
(26) B	(27) D	(28) C	(29) B	(30) A
(31) D	(32) C	(33) C	(34) A	(35) A

2. 多项选择题

(1) BC	(2) AB	(3) AB	(4) ABC	(5) AD
(6) A	(7) AC	(8) AC	(9) A	(10) CD
(11) AB	(12) BC	(13) AC	(14) BCD	(15) ABC
(16) AC	(17) AB			

B.3　计算机软件知识

1. 单项选择题

(1) B	(2) B	(3) B	(4) D	(5) A
(6) C	(7) A	(8) A	(9) B	(10) D
(11) D	(12) A	(13) A	(14) A	(15) C
(16) D	(17) B	(18) C	(19) D	(20) C
(21) C	(22) A			

2. 多项选择题

(1) AC	(2) AD	(3) AB	(4) AB	(5) A
(6) BC	(7) AC	(8) CD	(9) AC	(10) BD
(11) BD	(12) ABC			

B.4　Windows 知识

1. 单项选择题

(1) D	(2) C	(3) C	(4) B	(5) A
(6) B	(7) C	(8) D	(9) D	(10) C
(11) D	(12) B	(13) B	(14) C	(15) C
(16) D	(17) D	(18) D	(19) B	(20) D
(21) D	(22) B	(23) D	(24) D	(25) A
(26) B	(27) A			

2. 多项选择题

(1) C	(2) AD	(3) BD	(4) A	(5) ABD

(6) AC	(7) ABD	(8) B	(9) ABC	(10) A
(11) ACD	(12) AC	(13) AC	(14) AC	(15) D
(16) ABC	(17) C	(18) AB	(19) CD	(20) BC

B.5 网络基本知识

1. 单项选择题

(1) B	(2) C	(3) B	(4) C	(5) B
(6) C	(7) D	(8) C	(9) B	(10) A
(11) D	(12) D	(13) D	(14) B	(15) D
(16) D	(17) C	(18) C	(19) D	(20) B
(21) B	(22) C	(23) A	(24) B	(25) A
(26) B				

2. 多项选择题

(1) CD	(2) AC	(3) BCD	(4) ABC	(5) AB
(6) BD	(7) ABD	(8) AC	(9) BD	(10) AB
(11) ABC	(12) BC	(13) BC	(14) AD	(15) CD
(16) AD	(17) AB	(18) AB		

3. 填空题

(1) 中国	(2) 局	(3) 模拟	(4) IP	(5) .cn
(6) gov	(7) .CERNET	(8) .CHINAGBN	(9) .Intranet	(10) 协议
(11) 传输协议	(12) 地址	(13) FTP	(14) LAN	(15) 通信
(16) 双绞线	(17) zhanghai@qdu.edu.cn		(18) 总线	(19) HTTP
(20) IP	(21) 调制解调器			